Thorsten Kordes

KALKULATION für ZAHNTECHNIKER

Bibliografische Informationen Der Deutschen Bibliothek
Die Deutsche Bibliothek verzeichnet diese Publikation in der Deutschen Nationalbibliografie; detaillierte bibliografische Daten sind im Internet über http://dnb.ddb.de abrufbar.

Verlagsort: Postfach 60 06 62, D-81206 München

Thorsten Kordes
Kalkulation für Zahntechniker

1. Auflage 2005 – ISBN 3-937346-20-1

Titelgestaltung und Layout: Petra I. Felser

Druck: Kessler Verlagsdruckerei, Bobingen

Thorsten Kordes

KALKULATION für ZAHNTECHNIKER

Inhaltsverzeichnis

Vorwort

Die Kalkulation und Kostenrechnung in der Zahntechnik erfordern aufgrund der Veränderungen im Gesundheitswesen immer neues Denken und Handeln in diesem Bereich. Von jeder Führungskraft im Zahntechnikerhandwerk wird daher Flexibilität und Anpassungsfähigkeit an die speziellen Anforderungen des Berufs erwartet. Jeder Stillstand bedeutet Rückschritt und nimmt die Chance für Verbesserungen.

Bereits in meinem 1998 erschienenen Buch zu diesem Thema habe ich auf die Notwendigkeit innovativen Denkens hingewiesen. Seit diesem Zeitpunkt sind jedoch zahlreiche Faktoren aufgetreten, die eine neue Ausrichtung des Begreifens der Kalkulation und Kostenrechnung bedingen. Dies war für mich Anlass genug, mich dieser Materie intensiver zu widmen. In diesem neuen Buch liefere ich zwar keine Patentrezepte, zeige aber Wege auf, die Situation im Zahntechnikerhandwerk zu verbessern. Die Zukunft des Berufsstandes liegt nicht nur in der Erfassung der heutigen Situation, sondern vielmehr darin, bevorstehende Ereignisse positiv beeinflussen zu können. Jeder ist gefordert, für sich selbst die Initiative zu ergreifen, um unter Mithilfe der Innung und des VDZI den Erfolg des Handwerks zu sichern.

Die Realisierung des im letzten Kapitel erwähnten Kalkulationsprogramms ist nur durch Unterstützung des EDV-Fachmanns Andre Behling möglich geworden. Seiner Frau Silke, die sich für die Präsentation verantwortlich zeichnet, sowie meinen Töchtern Felizitas und Larissa, die meine Gedanken durch fachkundige Stichworte angeregt haben, sei an dieser Stelle herzlich gedankt. Auch die Mitarbeiter und Kollegen, die bewusst oder unbewusst meine Arbeit gefördert haben, sollen nicht unerwähnt bleiben.

Sulingen, im Mai 2005
Thorsten Kordes

Grußwort

Mit diesem Buch erhalten zahntechnische Betriebe ein Instrument in die Hand, das ihnen zur Planung und Vorbereitung geeigneter Unternehmungsstrategien dient. Die richtige Vorbereitung auf den unternehmerischen Erfolg erfordert die ständige geistige Auseinandersetzung mit der Zukunft im entsprechenden Marktsegment. Besonders wichtig dabei ist die Beantwortung der Frage, wie das Unternehmen in einer sich rasend wandelnden globalen Welt nicht nur überleben, sondern vor allem wachsen kann. Dies immer unter der Berücksichtigung der aktuellen Rahmenbedingungen mit seinen Chancen und Risiken.

Um ein erfolgreiches Unternehmen zum Wachstum zu führen, müssen Ziele bestimmt, Mittel zur Verwirklichung der Unternehmensziele und Überprüfungskriterien der eingesetzten Mittel festgelegt werden. Mit dem Mittel der Kalkulation- und Preisbildung hat der Autor dieses Buches genau darauf reagiert.

Ausgehend von den veränderten Marktbedingungen 1998, als für das Zahntechniker-Handwerk mit erstmaliger Einführung des Festzuschusssystems bei der Versorgung mit Zahnersatz neue Herausforderungen für die Unternehmensstrategie zukamen und die betriebswirtschaftliche Preiskalkulation eines der wichtigsten Planungsinstrumente wurde, hat Herr Thorsten Kordes nun im Jahr 2005 auf die weiteren Neuerungen auf dem reformierten Gesundheitsmarkt abgezielt. Mit der methodischen Analyse der Kosten werden Lösungen für die richtige Preisbildung und Preisdurchsetzung aufgezeigt. Trotz besonderer Marktumstände, die auch wie in heutiger Zeit mit Engpässen einhergehen, kann das Unternehmen durch eine richtige Preisgestaltung im Markt erfolgswirksam agieren.

Ansatzpunkt dafür ist die detaillierte Kostenrechnung, die eine wesentliche Rolle für die Angebotskalkulation und somit für die richtige Preisbildung bildet. Jeder Unternehmer muss die im Zusammenhang mit der Herstellung und der Nachfrage seiner zahntechnischen Produkte voraussichtlich anfallenden Kosten ermitteln, wenn er gewinnbringende Preise bilden will, die darüber hinaus auch eine Marktchance besitzen müssen. Um erfolgreich zu sein, müssen die Erlöse langfristig höher sein als die Kosten. Genauso wichtig ist die Gegenüberstellung der erzielten Umsatzerlöse mit den tatsächlich angefallenen Kosten.

Darauf geht der Autor in den Kapiteln zum positiven und negativen Marktpreis insbesondere ein. Er macht deutlich, dass Kostenrechnung und Preispolitik unmittelbar zusammengehören.

Gerade in Zeiten rückläufiger Aufträge, ist die Aufteilung der Gesamtkosten in einem Unternehmen in die unterschiedlichen Kostenkategorien von existentieller Bedeutung. Die betriebswirtschaftliche Konsequenz ist die Preissteigerung, um die Kosten zu decken, wenn keine Verluste entstehen sollen. In Zeiten von schwankender Konjunktur, wie sie seit geraumer Zeit vorhanden sind, ist genau dieses Problem schwierig zu realisieren.

Das vorliegende Buch „Kalkulation in der Zahntechnik" ist eine spezifizierte Entscheidungshilfe im Bereich unseres Zahntechnikerhandwerks für den Unternehmer und für seinen unternehmerischen Erfolg.

Die Anwendung der leistungsgerechten Planzeiten aus der „Bundeseinheitlichen Benennungsliste" oder des „Privaten Leistungsverzeichnisses" sind weitere Erfolgsinstrumentarien auf diesem Weg.

Besonders stolz macht uns, dass der Autor, Herr Thorsten Kordes, Mitglied der Niedersächsischen Zahntechniker-Innung ist und so besonders unseren Mitgliedsbetrieben in schweren konjunkturellen Zeiten mit diesem Werk zur Seite steht.

Hannover, im Juni 2005

Lutz Wolf
Obermeister der Niedersächsischen Zahntechniker-Innung

KALKULATION für ZAHNTECHNIKER

Kalkulation und Kostenrechnung sind immer noch Stiefkinder der Zahntechnik. Hoher zeitlicher Aufwand, fehlende Informationsquellen und branchenspezifische Sonderanforderungen erschweren die „unproduktive" Arbeit in diesem Bereich zusätzlich. Gleichwohl besteht in den Betrieben trotz einer gesetzlich praktizierten Höchstpreisliste mittels der BEL 2 die Notwendigkeit eines Umdenkens im Umgang mit der Preis- und Arbeitszeitgestaltung. Effektive Kostenkontrolle und eine deutliche betriebliche Kostentransparenz sind unumgängliche Voraussetzungen zur Gewinnoptimierung. Die eigenen Laborkosten lassen sich nur mittels betriebspezifischer Preis- und Zeitlisten transparent steuern. Ein Desaster, wie es die Zahntechnik 1998 erlebt hat, darf sich auch bei neuen Gesetzesänderungen nicht wiederholen.

Allerdings müssen sich die zahntechnischen Firmen fragen ob sie die schlechte Umsetzung der damaligen Verordnung nicht selbst verschuldet haben. Sicherlich waren die alleinige Verwaltung der Festzuschüsse durch die Zahnarztpraxen und die damit einhergehende Selbstbedienungsmentalität für das Zahntechnikerhandwerk die denkbar unbefriedigendste Lösung. Aber haben die Betriebe nicht auch mit ihren Preisangeboten, die oftmals weit unter der bis dahin praktizierten Höchstpreisliste lagen, selbst zum Scheitern beigetragen? Die Preise wurden selbst kalkuliert und sind dann an mangelnder Sachkompetenz gescheitert. Kaum ein Betrieb war in der Lage, eine detaillierte Kalkulation seiner Preise vorzulegen, geschweige denn sie auch mit eigenen betriebsspezifischen Daten zu belegen. An diesem Unvermögen krankt unser Handwerk noch heute. Das Wissen um die Kostenminute für die eigene, betriebsspezifische Kalkulation gehört eigentlich zum elementaren Grundwissen eines Zahntechnikermeisters bzw. einer -meisterin.

1 Kalkulation in der Zahntechnik

1.1 Warum es kaum ein Betrieb macht

Worin liegen die Ursachen für die oftmals mangelhafte Sachkenntnis im Bereich der eigenen Preisgestaltung? Liegt es an den Laboratorien oder ist es das System, in dem produziert und die Leistungen angeboten werden? Antworten sind sicherlich in beiden Bereichen zu finden, wobei das eigene Engagement immer an erster Stelle steht.

1.2 Unproduktive Arbeit

Unproduktiv heißt, nicht schöpferisch tätig sein, kein Produkt hervorbringen. Das Gegenstück ist Produktivität, was soviel wie „arbeiten" oder „tätig sein" bedeutet. Produktiv leitet sich aus dem Französischen „produire" bzw. Lateinischen „producere" ab und bedeutet „hervorbringen, erzeugen". Aber ist es denn unproduktiv, wenn sich der Unternehmer um eine leistungsgerechte Entlohnung für die vom Labor hergestellten Produkte kümmert und diese Arbeit im Vordergrund seiner Tätigkeit steht? Wenn kein ausreichender Ertrag für die Arbeit zu erzielen ist, ist die Firmenpleite trotz voller Auftragsbücher wahrscheinlich unvermeidbar. Dann ist der Betrieb wirklich unproduktiv. Kalkulation und Kostenrechnung dürfen auf gar keinen Fall als unproduktive Arbeit, sondern sollten als Grundlage der produktiven Tätigkeit gesehen werden.

1.3 Hoher zeitlicher Aufwand

Sicherlich ist es am Anfang schwer und zeitaufwendig, sich mit der Kalkulation und Kostenrechnung im Zahntechnikerhandwerk zu beschäftigen. Wenn aber erst einmal die Grundregeln in diesem Bereich des Handwerks verstanden und verinnerlicht sind, lässt sich der zeitliche Aufwand hierfür planen und einteilen.

Wenn das Gerüst für eine betriebsspezifische Preisliste erst einmal steht, ist der Zeitaufwand für die Aktualisierung überschaubar, insbesondere beim Einsatz spezieller hierfür entwickelter Software. Grundlagen erlernen und erstellen verbraucht den größten Teil der Zeit, nicht das Anwenden des Wissens.

1.4 Branchenspezifische Sonderanforderungen

Die Zahntechnik nimmt sicherlich eine Sonderstellung bezüglich der Abrechnung ihrer Leistungen im Handwerk ein: Einerseits gibt es die verordnete Höchstpreisliste oder Festzuschüsse, andererseits die frei zu kalkulierenden Privatleistungen. Ferner steht die Rückkalkulation vorgegebener Preise der Vorkalkulation der Privatpreisliste sowie der für beide Bereiche notwendigen Nachkalkulation gegenüber. Die Rückkalkulation ist sicherlich der schwierigste Teil, da hier zwangsläufig die Kosten den Preisen angepasst werden müssen. Diese Sonderstellung im Handwerk lässt sicherlich die Frage nach dem hohen zeitlichen Aufwand für die Kalkulation und Kostenrechnung aufkommen.

1.5 Unzureichende Informationsquellen

Die Frage nach der Herkunft ausreichenden Wissens über Kalkulation und Kostenrechnung ist berechtigt. Die Informationsquellen sind weit gestreut und lückenhaft. Immer wieder fehlen Teilinformationen, die zum Kalkulieren benötigt werden. Alles spricht zwar von der Kostenminute, aber kaum einer beschreibt, wie sie zu berechnen ist. Die meisten der frisch gebackenen Meister sind nicht in der Lage, ihr während der Ausbildung erworbenes kaufmännisches Wissen in die Praxis umzusetzen. Zu ihrer Verteidigung sei aber zu sagen, dass die Ausbildung in diesem Bereich an einigen Meisterschulen als mangelhaft im Hinblick auf die späteren Erfordernisse zu bezeichnen ist. Im Buch „Leitfaden zur Kalkulation und Kostenrechnung in der Zahntechnik“ habe ich erstmals detailliert beschrieben, wie eine betriebsspezifische Kalkulation zu erstellen ist. Ich bin sicher, dass Sie nach Durcharbeiten dieses Buches dazu auch fähig sein werden.

1.6 Fehlende praktikable EDV-Unterstützung

Kalkulationsmodule werden von einigen Softwareherstellern im Abrechnungsbereich zahntechnischer Leistungen angeboten. Fast alle sind unbrauchbar, weil sie mit Vorgaben oder festen Werten arbeiten. Um diese Vorgaben und Werte betriebsspezifisch zu gestalten, sind zeitaufwendige Berechnungen notwendig. Brauchbare Programme sind oftmals sehr komplex und unübersichtlich, was die Anwendung für den Einzelnen äußerst schwierig gestaltet. Am Ende dieses Buches werde ich Ihnen daher ein Programm vorstellen, welches aus meiner Sicht allen Anforderungen im Bereich der Kalkulation erfüllt und außerdem noch sehr einfach zu handhaben und bedienen ist. Warum ich auch im Bereich der EDV-gestützten Kalkulation ein Programm bevorzuge, das auf Basis der Zuschlagskalkulation arbeitet, werden Sie sicherlich am Ende der Lektüre dieses Buches verstehen. An dieser Stelle sei nur gesagt, dass es aus meiner Sicht die einfachste und praktikabelste Art der Kalkulation in der Zahntechnik ist. Die Datenbeschaffung findet beim Steuerberater statt, die Zusammenhänge des Kalkulationsweges sind schnell zu erlernen und anzuwenden.

2 Warum ist Kostenrechnung notwendig?

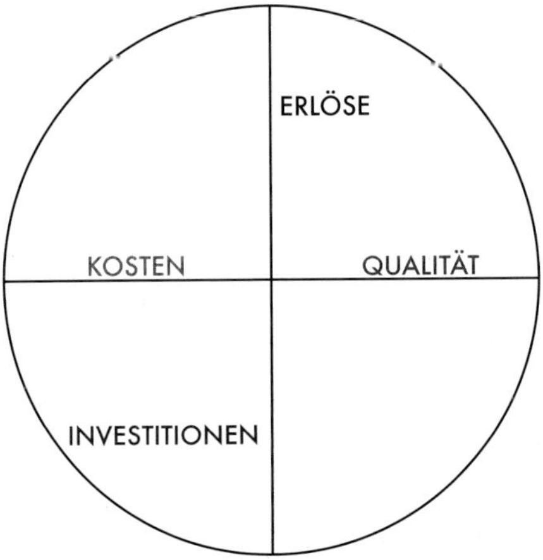

Die Kosten der Arbeit sollten, wie in dem Bild dargestellt, in einem ausgewogenen Verhältnis zu den Erlösen stehen, wobei der Qualität der Leistungen eine entscheidende Rolle zugesprochen werden muss. Auch notwendige Investitionen in Geräte, Maschinen oder neue Techniken sind zu berücksichtigen. Besonders bei vorgegebenen Preisen für die Leistungen muss auf eine Stimmigkeit zwischen Kosten und Leistungsanforderung, also Qualität, geachtet werden. Der erzielte Preis gibt den Rahmen für die Tätigkeit vor, wobei sich die zahntechnischen Unternehmen idealerweise in einem Kreis bewegen sollten.

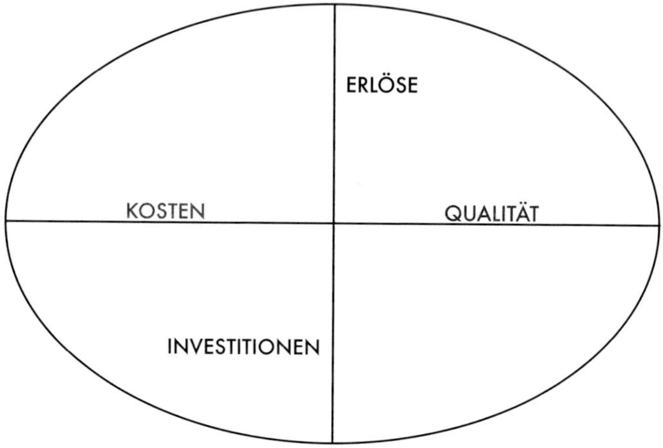

Veränderungen, besonders im Kosten- und Qualitätsbereich, gehen in diesem Gefüge immer zu Lasten der Erlöse und somit auch zu Lasten neuer Investitionen. Wenn die Leistungsanforderungen innerhalb festgelegter Preise immer weiter erhöht und dabei die Kosten weiter gesteigert werden, wird der Raum für Erlöse bzw. Gewinn immer kleiner. Fehlender Gewinn ist dann auch die Ursache für ausbleibende Investitionen. Für einen begrenzten Preis kann auch nur eine festgeschriebene Leistung erbracht werden. Alles, was außerhalb dieser Leistungsvorgabe steht, muss gesondert berücksichtigt werden, wobei die Kosten des Betriebs eine entscheidende Rolle spielen. Jede Leistungsveränderung muss auf ihre Kostenentwicklung im betriebsspezifischen Bereich hin überprüft werden.

2.1 Betriebsspezifische Kostenerfassung

Die Hauptaufgabe der Kostenrechnung besteht in der vollständigen Erfassung aller anfallenden Kosten und ihrer Verrechnung mit den Erträgen. Für die Erfassung der Kosten dient ein Kostenabrechnungsbogen. Er ist Ausgangspunkt bzw. Grundlage der Preiskalkulation und gibt einen Überblick über alle im Betriebsablauf entstandenen Kosten.

Alle betriebsspezifischen Kosten, welche in einem Abrechnungszeitraum (z. B. vierteljährlich, jährlich) entstehen, werden hier erfasst.

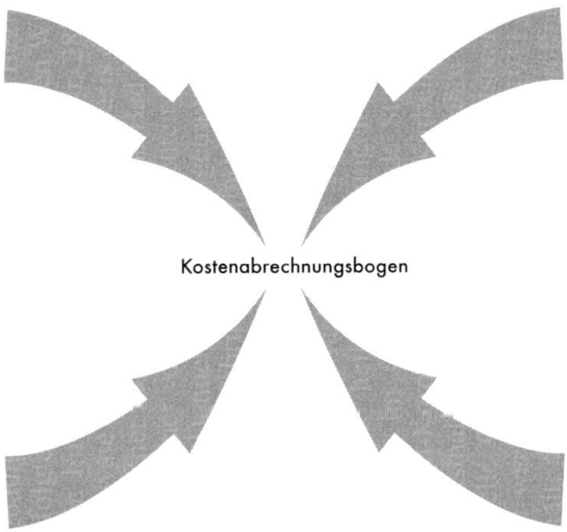

Alle Kosten des Betriebs fließen in den Kostenabrechnungsbogen ein und werden aufgrund ihrer Entstehung den einzelnen Konten des Kostenabrechnungsbogens zugeordnet.

2.2 Betriebliche Kostentransparenz

Im Kostenabrechnungsbogen finden sich alle Kosten wieder, die in einem Betrieb in irgendeiner Form entstanden sind. Dadurch wird die Transparenz für das Erkennen der Kosten geschaffen. Dies ist Voraussetzung für die Einbeziehung der Kosten in die betrieblichen Planungen und somit für den Erfolg des Betriebs.

2.3 Effektive Kostenkontrolle

Die Kosten des Betriebs sollen nicht nur ermittelt, sondern auch beeinflusst, d. h. nach Möglichkeit auch gesenkt werden. Durch die Kontrolle der Kosten in festgelegten Intervallen, können Maßnahmen zur Kostensenkung ergriffen und der Erfolg oder Misserfolg dieser Maßnahmen überprüft werden.

Kostenabrechnugsbogen

Name: Datum:

Kostenarten	%	EUR
1. Materialkosten		
Verbrauchsmaterial		
Verkaufsmaterial		
2. Personalkosten		
Fertigungslöhne		
Gemeinkostenlöhne		
Gehälter		
Sozialkostenzuschlag		
3. Raumkosten		
Miete		
Energie		
Instandhaltung		
4. Kalkulatorische Kosten		
Kalkulatorische Abschreibung		
Kalkulatorische Zinsen		
Kalkulatorische Miete		
Kalkulatorischer Unternehmerlohn		
5. Steuern/Gebühren/Beiträge/Zinsen		
6. Fahrzeuge/Werbekosten/Reparaturen/GWG		
7. Bürokosten/Porto/Telefon/Leasing/sonstige Kosten		
Summe Kosten		

3 Warum ist Kalkulation notwendig?

3.1 Unterstützung bei der Preisfindung

Es gibt mehrere Möglichkeiten, einen Preis festzulegen bzw. zu kalkulieren. Es besteht die Möglichkeit der Kalkulation durch Preisschätzung, eine vielfach in der Zahntechnik praktizierte Methode der Preisfindung. Dies läuft nach dem Motto: „Wenn Andere zu diesem Preis anbieten können, kann ich es auch“.

Preisschätzen ist keine einwandfreie Kalkulation, weil hier die wahren Kosten des Betriebs nicht richtig erkannt werden und somit auch keine betriebsgenaue Bewertung erfahren. Bei einer oberflächlichen und gefühlsmäßigen Schätzung seiner Preise fehlt dem Unternehmer jegliche Kalkulationsgrundlage, Enttäuschungen sind vorprogrammiert.

Eine andere Möglichkeit ist die Übernahme von Kalkulationshilfen. Das können Preislisten eines Mitbewerbers oder branchenübliche, standardisierte Zuschläge sein. Die Übernahme von Standardzuschlagssätzen führt allerdings immer wieder zu einer verfälschten Kalkulation für den eigenen Betrieb und wirkt sich oft negativ aus, da sie nicht mit den wirklichen, im Betrieb erbrachten Zahlen, übereinstimmen. Die Übernahme von Kalkulationshilfen ist nur in der anfänglichen Entwicklungsphase eines Betriebs sinnvoll, wenn noch keine genauen Zahlen über die wirkliche Kostensituation des Betriebs vorliegen.

Der sicherste Weg der Preisfindung ist die Kalkulation mit eigenen Betriebsdaten. Eine gründliche Kalkulation und Kostenrechnung auf Grundlage der Daten der Buchführung und des Jahresabschlusses, zusammengefasst auf dem Kostenabrechnungsbogen, ermöglicht es dem Unternehmer im Zahntechnikerhandwerk exakt, die für seinen Betrieb gültigen Kosten und Leistungen festzulegen.

Das Betriebsergebnis wird durch die Gegenüberstellung von

- betrieblichen Aufwendungen = Kosten
  und
- betrieblichen Erträgen = Leistungen
  ermittelt.

Es bildet die Grundlage für die Beurteilung der Rentabilität und Wirtschaftlichkeit der Leistungsherstellung und -verwertung.

Die Kosten- (und Leistungs-) rechnung ist betriebsbezogen. Sie erfasst nur den durch die eigentliche betriebliche Tätigkeit (Beschaffung, Produktion, Absatz) verursachten Werteverzehr (Kosten) und die aufgrund dieser Tätigkeit erzielten Erträge (Leistungen). Durch die Verrechnung der Kosten mit den Leistungen wird das Betriebsergebnis ausgewiesen:

Formel **Leistung – Kosten = Betriebsergebnis**

Die Notwendigkeit der Kostenrechnung und der Kalkulation ist auch für den selbstständigen Zahntechnikermeister/Unternehmer unabdingbar, denn die Kosten dürfen die festgesetzten Leistungen (Erträge) für eine zahntechnische Arbeit nicht überschreiten.

3.2 Gewinnerzielung im operativen Bereich

Ziel einer Unternehmung sollte die Erwirtschaftung von Gewinn sein. Ohne Gewinn kein Erfolg und somit auch kein Geld für notwendige Investitionen. Ohne Gewinn besteht zudem keine Aussicht auf eine Zukunft des Unternehmens. Eine Durststrecke kann überwunden werden, wenn ihr Ende absehbar und in einem vorbestimmten Zeitraum wieder Gewinn zu erwirtschaften ist. Jede Erbringung von Leistung in der Zahntechnik muss darauf ausgerichtet sein, Gewinn zu erzielen. Bei jeder Herstellung einer Krone, Prothese usw. muss das Ziel sein, diese mit Gewinn zu vermarkten.

3.3 Gewinn optimieren

Gewinn ist nicht gleich Gewinn. Es ist zu überprüfen, wo und in welcher Form der Gewinn erzielt wurde. Stammt er aus dem Verkauf des Materials oder ist er durch Leistungserbringung entstanden? Es kommt nicht nur darauf an, in der Bilanz einen Gewinn auszuweisen, sondern auch zu wissen, wie und wodurch Gewinn entstanden ist. Nur dann ist es möglich, den Unternehmensgewinn positiv zu beeinflussen und zu entwickeln. Wie hoch ist der produktive Gewinnanteil am Gesamtgewinn? Wieviel hat der Materialverkauf, insbesondere die durch die Lieferanten gewährten Rabatte (z. B. der Goldrabatt), zum Gesamtgewinn beigetragen? Diese Fragen sollte sich jeder Unternehmer im Zahntechnikerhandwerk stellen. Wenn die Antworten auf diese Fragen gefunden sind, kann mit der Optimierung der einzelnen Punkte begonnen werden. Vielleicht werden einige Unternehmer bei der Frage der Gewinnherkunft feststellen, dass sie ausschließlich im Materialbereich Gewinn erzielt haben bzw. sich über den hohen Gewinnanteil des Materialverkaufs wundern. Tatsache ist, dass ein Teil der zahntechnischen Laboratorien ohne die Lieferantenrabatte nicht mehr existent wären. Das Ziel für die Zukunft muss daher vordringlich sein, mit der Herstellung der Produkte Gewinn zu erwirtschaften und diesen zu optimieren. Ein Betrieb kann auch in Zukunft nur existieren, wenn es ihm gelingt, für seine erbrachten Leistungen eine kostendeckende und gewinnbringende Entlohnung zu erhalten. Die Optimierung der erbrachten Leistungen steht im Gleichlaut mit der Optimierung der Erlöse.

3.4 Optimierung des Personaleinsatzes

Kalkulation und Kostenrechnung stehen im Zahntechnikerhandwerk im engen Zusammenhang mit dem Personaleinsatz. Zuviel Personal führt zu Verlusten. Zu wenig Personal führt zu Stress und kann die Qualität der gefertigten Arbeiten negativ beeinflussen. Eine Personalplanung aufgrund der durch die Kalkulation und Kostenrechnung gewonnen Daten ist daher ratsam, wenn nicht sogar unerlässlich. Der

Umsatz der einzelnen Mitarbeiter/innen steht im direkten Zusammenhang mit dem Gesamtumsatz des Betriebs. Planungen des notwendigen Jahresumsatzes in Verbindung mit der Betriebsgröße bzw. des Personalbestands sind notwendig, um Gewinn- und Verlustzonen eindeutig zu definieren. Nur ein Unternehmer, der sich über diese Größen im Klaren ist, kann rechtzeitig auf Veränderungen reagieren. Diese Veränderungen können vielfältig sein. Zu nennen sind z. B. staatliche Eingriffe in die BEL-Liste in Form von Zwangsabsenkungen und das Ausbleiben von Umsatz durch Reglementierungen der Kunden (Zahnärzte) in Form von Budgetierung, frei nach dem Motto: „Wir könnten mehr leisten, aber wir werden nicht dafür bezahlt". Auch der Verlust eines oder mehrerer Kunden führt zu Veränderungen, sollte aber nur einen maßvollen und geplanten Eingriff in die Personalstruktur des Betriebs hervorrufen. Dies ist aber nur möglich, wenn das entstandene Szenario mittels betriebseigener Zahlen dargestellt und entschärft werden kann. Entscheidungen über menschliche Schicksale sollten immer mit der nötigen Ruhe und Weitsicht gefällt werden und nicht kurzfristige Schnellschüsse hervorrufen. Wenn die eigene Situation rational bewertet wird, werden sich auch befriedigende Lösungen finden lassen.

4 Aufgabe der Kostenrechnung

Die Aufgabe der Kostenrechnung ist die vollständige Erfassung, Verteilung und Zurechnung der in einem Abrechnungszeitraum (jährlich, vierteljährlich) bei der betrieblichen Leistungserbringung entstandenen Kosten und ihrer Verrechnung mit den Erträgen. Die Kostenrechnung bildet die Grundlage für Planungen und Entscheidungen durch Ermittlung der voraussichtlich anfallenden Kosten (entscheidungsorientierte Zukunftsrechnung) und durch den Vergleich der tatsächlich angefallenen Kosten mit den zuvor geplanten Kosten (kontrollierende Vergangenheitsrechnung). Sie dient der Berechnung der Selbstkosten der erbrachten Leistungen und schafft damit die Grundlage für die Kalkulation des betrieblichen Preises. Sie ist Mittel für die Kontrolle der Wirtschaftlichkeit des Betriebs. Kostenkontrolle gibt den Betrieben die Möglichkeit, diese zu beeinflussen und die Kosten zu senken.

4.1 Kostenartenrechnung

„Welche Kosten sind entstanden?"

Die Kostenartenrechnung dient der systematischen Erfassung aller Kosten, die bei der Erstellung und Verwertung einer Leistung entstehen. Das Erkennen und Erfassen der Kosten ist insbesondere für die Kosten wichtig, die nicht in der Buchführung enthalten sind. Dieses sind die sogenannten kalkulatorischen Kosten.

Die wichtigsten kalkulatorischen Kostenarten sind:

- **die kalkulatorische Abschreibung**
- **die kalkulatorischen Zinsen**
- **der kalkulatorische Unternehmerlohn**
- **die kalkulatorische Miete**

Im Kostenabrechnungsbogen finden sich auch alle kalkulatorischen Kosten wieder, die in einem Betrieb in irgendeiner Form entstanden sind.

4.2 Kostenstellenrechnung

„Wo sind die Kosten entstanden?"

Die Kostenstellenrechnung baut auf der Kostenartenrechnung auf. Während die Kostenartenrechnung zeigt, welche Kosten entstanden sind, gibt die Kostenstellenrechnung Aufschluss darüber, wo die Kosten angefallen sind. Sie erfasst die Kosten am Ort ihrer Entstehung. Kosten müssen erfasst werden und es muss ersichtlich sein, welcher Kostenstelle sie zugeordnet werden müssen. Durch das Erkennen der entstandenen Kosten und ihrer Zuordnung in den Kostenstellen des Kostenabrechnungsbogens ist es jederzeit möglich, die Kosten zu kontrollieren.

4.3 Kostenträgerrechnung

„Wer hat die Kosten zu tragen?"

Die Kostenträgerechnung hat die Aufgabe innerhalb der Kalkulation, die Kostenstellen den einzelnen Bereichen für die Ermittlung der Herstell- und Selbstkosten zuzuordnen. Eine richtige Verrechnung der Kosten ist nur möglich, wenn die entsprechenden Vorkehrungen (Buchführung, Gewinn- und Verlustrechnung, Jahresabschluss) für das richtige Erkennen und Erfassen der Kosten getroffen worden sind. Wie soll jemand seine Kosten richtig verrechnen können, wenn er sie weder richtig erkannt noch richtig erfasst hat?

Die Kostenträgerrechnung ist die Grundlage für die Planung und Kontrolle des Betriebserfolgs durch Bestimmung der Selbstkosten der zu erbringenden und der erbrachten Leistungen. Sofern ein Betrieb von sich aus einen Einfluss auf den Preis nehmen kann, ist die Kostenträgerrechnung die Grundlage für die Kalkulation des Angebotspreises, im Zahntechnikerhandwerk also für die Ermittlung der Preise für die einzelnen BEB-Positionen. Bei vorgegebenen Preisen beschränkt sich die Kostenträgerrechnung auf die Ermittlung der Preisuntergrenze einer Leistungsposition der BEL-Liste, d. h. auf die Feststellung, welcher Preis gerade noch die Gesamtkosten des Betriebs deckt.

Preis = Geldsumme, die ein Käufer für eine Ware oder für eine Leistung im wirtschaftlichen Leben bezahlen muss.

Der heutige Zahntechnikermeister/Unternehmer wird mit zwei Preisen konfrontiert:

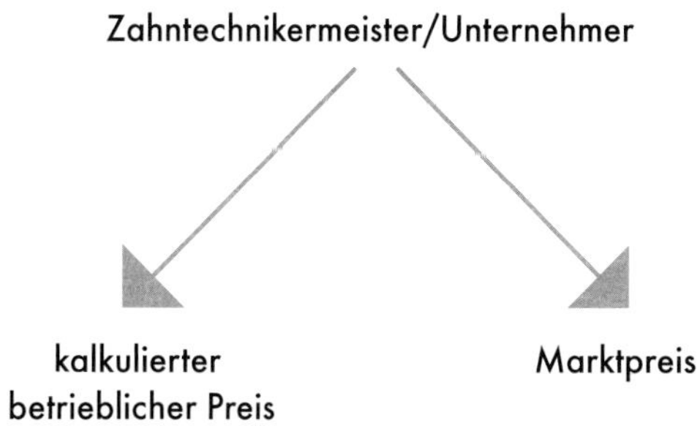

Marktpreis = Angebot und Nachfrage bestimmen nach allgemeinen volkswirtschaftlichen Grundsätzen den Preis auf dem freien Markt.

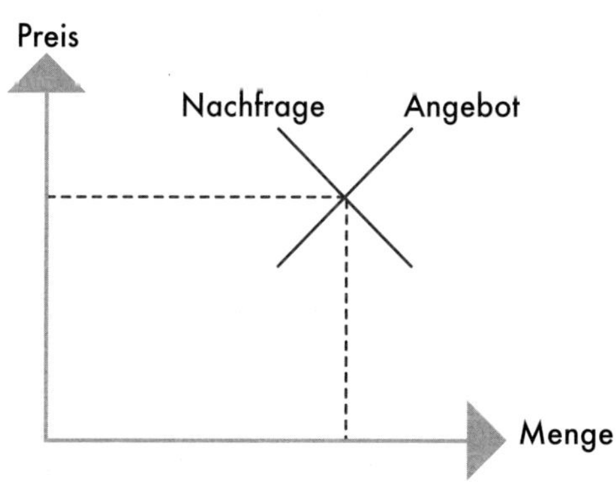

Wo sich die meisten Anbieter und Nachfrager in ihren Mengen und Preisvorstellungen treffen, bildet sich der sogenannte Marktpreis. Im Zahntechnikerhandwerk spaltet sich der Marktpreis in zwei unterschiedliche Bereiche bzw. Abrechnungslisten auf.

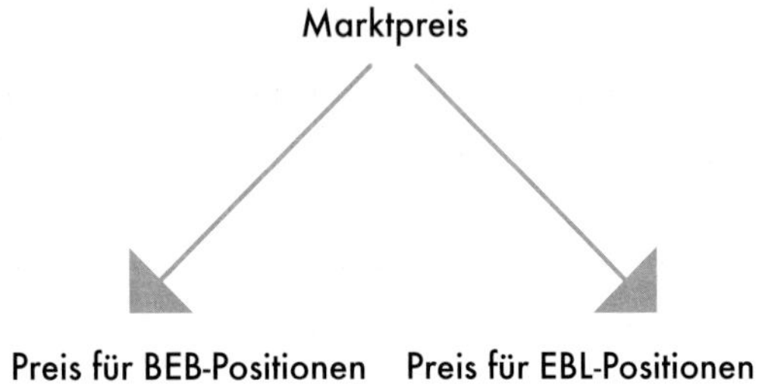

Der Marktpreis ist für den Zahntechnikermeister/Unternehmer der Preis, den er für seine erbrachte Leistung im Vergleich mit seinen Mitbewerbern erzielen kann. Zum einen handelt es sich bei der BEL-Liste um die für alle Mitbewerber mit den Krankenkassen ausgehandelte Höchstpreisliste. Die hier festgesetzten Preise dürfen bei der Abrechnung zahntechnischer Leistungen gegenüber Kassenpatienten nicht überschritten werden, sollen aber trotzdem kostendeckend und gewinnorientiert sein. Zum anderen gibt es die BEB-Liste für die Abrechnung von Privatleistungen. Hier kann der Preis, allerdings unter der Maßgabe, dass die Auftraggeber diesen Preis uneingeschränkt akzeptieren, frei kalkuliert werden.

Der kalkulierte betriebliche Preis ist der Preis, den ein zahntechnischer Betrieb für seine Leistungserstellung erzielen muss, um seine Kosten decken zu können und darüber hinaus einen angemessenen Gewinn und somit ein angemessenes Einkommen zu erreichen. Um diesen angemessenen betrieblichen Preis festzusetzen bzw. zu ermitteln, ist eine genaue Kalkulation und Kostenrechnung für den Unternehmer im Zahntechnikerhandwerk unabdingbar. Die Kosten müssen so ausgerichtet sein, dass die betriebliche Kalkulation sich am Marktpreis orientiert. Andernfalls würde sich der Gewinn und somit das Einkommen des Unternehmers verringern, was letztlich zu Lasten des Betriebs gehen würde.

Die im folgenden Kostenabrechnungsbogen angegebenen Zahlen gelten für einen Musterbetrieb und können in dieser Größenordung in einem zahntechnischen Betrieb vorkommen. Sie sollten jedoch nicht als repräsentativ angesehen werden. Für eine genaue Kalkulation muss jeder Betrieb seine eigene Kostenstruktur ermitteln. Typisch für einen zahntechnischen Betrieb ist die hohe Summe der Personalkosten im Verhältnis zu den anderen Kosten, da es sich um ein lohnintensives Handwerk handelt. Die Personalkosten sind, im Verhältnis zur Summe der Kosten im Verbund mit der Zeit, die für eine Arbeit benötigt wird, für den Gewinn und den Fortbestand einer Unternehmung äußerst wichtig.

4.4 Kostenabrechnungsbogen

Name: Klöppelmann & Röhrig Zahntechnik GmbH — Datum: 2005

Kostenarten	%	EUR
1. Materialkosten		
Verbrauchsmaterial	5,77	
Verkaufsmaterial	16,98	
2. Personalkosten		
Fertigungslöhne	29,51	
Gehälter	8,99	
Gemeinkostenlöhne	2,31	
Sozialkostenzuschlag	6,76	
3. Raumkosten		
Miete	2,56	
Energie	0,76	
Instandhaltung	0,16	
4. Kalkulatorische Kosten		
Kalkulatorische Abschreibung	10,39	
Kalkulatorische Zinsen	0,21	
Kalkulatorische Miete	0,00	
Kalkulatorischer Unternehmerlohn	5,54	
5. Steuern/Gebühren/Beiträge/Zinsen	3,54	
6. Fahrzeuge/Werbekosten/Reparaturen/GWG	2,32	
7. Bürokosten/Porto/Telefon/Leasing/sonstige Kosten	4,20	
Summe Kosten	100,00	

5 Kostenarten im Kostenabrechnungsbogen

Bei den Kostenarten im Kostenabrechnungsbogen wird zwischen Einzelkosten (direkte Kosten), Gemeinkosten (indirekte Kosten) und Zusatzkosten (aufwandslose Kosten) unterschieden. Einzelkosten sind alle Kosten, die sich dem Erzeugnis unmittelbar zuordnen lassen. Sie werden pro Einzelauftrag direkt ermittelt und verrechnet. Im Zahntechnikerhandwerk sind dies die Fertigungslöhne und das Verkaufsmaterial. Sie lassen sich direkt dem einzelnen Werkstück zuordnen. Sie werden daher auch als direkte Kosten bezeichnet.

Kosten, die nicht direkt auf die Leistung verrechnet werden können, aber zur Aufrechterhaltung des Betriebs insgesamt anfallen, werden Gemeinkosten genannt. Sie lassen sich dem Einzelauftrag nicht direkt zuordnen und heißen folgerichtig auch indirekte Kosten. Gemeinkosten können nur anteilsmäßig mit Hilfe von Zuschlagsätzen verrechnet werden. Gemeinkosten sind z. B. Verbrauchsmaterial, Raumkosten, Sozialkosten, Porto, Telefon, Werbekosten, Reparaturkosten usw.

Vier Gemeinkostenarten sind zu unterscheiden:

- **Materialgemeinkosten (z. B. Verbrauchsmaterial),**
- **Fertigungsgemeinkosten (z. B. Sozialkosten, Aushilfslöhne),**
- **Verwaltungsgemeinkosten (z. B. Gehälter für Büroangestellte),**
- **Vertriebsgemeinkosten (z. B. Fahrzeugkosten, Reparaturen).**

Zusatzkosten sind die kalkulatorischen Kosten. Von der Aufwandsseite her beeinflussen sie lediglich die einzelne Kalkulation und damit verbunden das Betriebsergebnis, nicht aber das Gesamtergebnis der Unternehmung.

In einzelnen Fällen können in der betrieblichen Produktion Sonderkosten anfallen. Sonderkosten sind Kosten, die durch Sonderereignisse oder durch erhöhten Aufwand in verhältnismäßig seltenen Fällen verursacht werden. Sie werden einzeln und direkt erfasst und dem Werkstück direkt zugeordnet. Hierbei kann es sich um einen erhöhten Aufwand in der Qualität und Ausführung des Werkstücks handeln.

5.1 Materialkosten

5.1.1 Verbrauchsmaterial

Beim Verbrauchsmaterial handelt es sich um Materialien, die zur Herstellung zahntechnischer Leistungen benötigt und verwendet, auf der Rechnung aber nicht einzeln aufgeführt sind bzw. abgerechnet werden. Dieses sind z. B. Gipse, Wachse, Einbettmassen, Kunststoffe, Komposite, Keramikmassen, Strahlmittel, Fräsen usw. Der Anteil der Verbrauchsmaterialien an den Gesamtkosten des Betriebs sollte die Acht-Prozent-Grenze nicht überschreiten. Eine exakte Kostenkontrolle ist hier unbedingt notwendig. Einsparungspotenzial liegt eventuell im Einkauf, eher jedoch im Verbrauch der Materialien. Beim Einkauf sollte in keinem Fall an der Qualität der Produkte gespart werden. „Never change a winning team" gilt nicht nur im Personalbereich, sondern ganz besonders auch im Materialbereich.

Vertrauen Sie der Produktlinie, die Sie in Ihrem Labor aufgebaut haben. Wechseln Sie nicht gleich ein Material aus, nur weil ein anderes Produkt einer anderen Firma Ihnen günstiger angeboten wird. Prüfen Sie vorher genau, ob der Einkaufsgewinn nicht durch einen höheren Arbeitsaufwand oder durch schlechtere Qualität verloren geht. Mehr Einsparpotenzial liegt im Umgang mit dem Material. Machen Sie Ihren Mitarbeitern klar, wie wichtig der sorgsame und verantwortungsvolle Umgang mit den Materialien ist. Fräsen z. B. müssen nicht unter Verschluss gehalten werden. Eine kleine Liste, wo der aktuelle Bestand verzeichnet ist und jeder seinen Verbrauch eintragen muss, genügt meist schon, um Einsparungen von 30 bis 50 % zu erhalten. Um die Kostenstelle Verbrauchsmaterialien dauerhaft sicher zu handhaben, lohnt es sich, einige Hilfskostenstellen einzurichten.

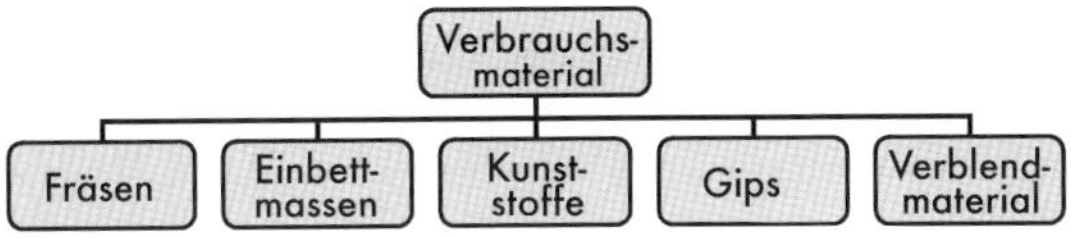

Durch die Hilfskostenstellen wird der einzelne Verbrauch wesentlich transparenter und kann positiv beeinflusst werden. Mehr Transparenz bedeutet mehr Sicherheit bei Entscheidungen. Durch Statistiken über die einzelnen Abrechnungspositionen kann dadurch z. B. ermittelt werden, wieviel Gips im Verhältnis zu den abgerechneten Modellen verbraucht wurde oder auch, wieviel Kunststoff im Verhältnis zu den abgerechneten Prothesen verwendet wurde. Aufgrund dieser Statistiken ist es möglich, den Materialverbrauch effektiv zu kontrollieren und zu beeinflussen.

5.1.2 Verkaufsmaterial

Zum Verkaufsmaterial zählen Gold, Zähne, Hilfsteile und möglicherweise verschiedene Nichtedelmetalllegierungen. Das Verkaufsmaterial wird dem einzelnen Werkstück direkt zugeordnet und auf der Rechnung einzeln ausgewiesen. Wie der Name schon sagt wird dieses Material verkauft. Das heißt, in diesem Bereich wird Gewinn erzielt. Dieser Gewinn ist nicht unerheblich für die zahntechnischen Betriebe, denn Herstellerrabatte für diese Materialien ermöglichen den Unternehmen eine nicht unerhebliche Gewinnmarge. Deshalb ist es auch in diesem Bereich sinnvoll, Hilfskostenstellen einzurichten, um im Vergleich zwischen Einkauf und Verkauf in den Kostenstellen die einzelnen Gewinne und Gewinnspannen analysieren zu können.

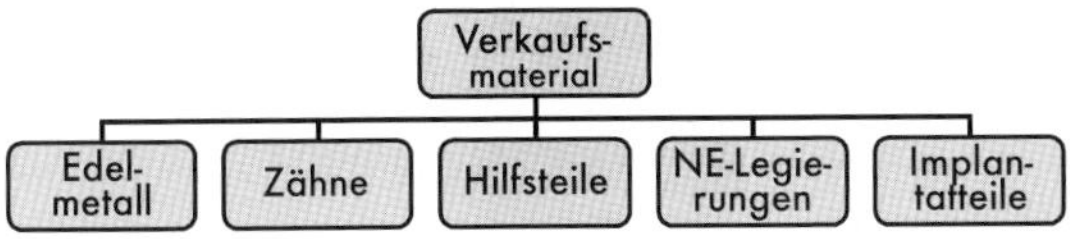

Der Vergleich der hier erzielten Gewinne mit dem Gesamtbetriebsergebnis wird einigen Betrieben vor Augen führen, dass ihr positives Betriebsergebnis weitestgehend oder fast ausschließlich auf den Gewinnen, welche im Bereich des Verkaufsmaterials gemacht wurden, beruht. Hier sollte sehr schnell umgedacht werden, denn ein staatlicher Eingriff in diesem Bereich könnte kurzfristig zur Insolvenz dieser Betriebe führen. Außerdem würde eine weitere Kürzung im Bereich der BEL-Liste auch diesen Ertrag aufzehren. Gewinn darf nicht nur im Materialverkauf liegen, sondern muss auch im operativen Bereich erwirtschaftet werden!

5.2 Personalkosten

Ein zahntechnisches Unternehmen benötigt einen vielfältig strukturierten Personalbestand zur Herstellung seiner Produkte. Mitarbeiter für die Fertigung, die Verwaltung und den Vertrieb der Erzeugnisse. Nicht zu vergessen sind die Auszubildenden, der Laborinhaber und mitarbeitende Familienangehörige. Zu den Personalkosten zählen alle Kosten, die durch die Produktion unmittelbar oder mittelbar entstanden sind. Sie werden in der Lohn- und Gehaltsbuchhaltung erfasst.

5.2.1 Fertigungslöhne

Hier werden alle Bruttolöhne der Mitarbeiter verbucht, die direkt in der Produktion tätig und mit keinen weiteren produktionsfremden Aufgaben betraut sind. Die Anleitung von Auszubildenden, wenn sie im direkten Zusammenhang mit der Produktion geschieht, wird nicht als produktionsfremde Aufgabe gesehen. Weit schwieriger gestaltet sich die Sache bei Mitarbeitern, die einerseits in der Produktion tätig sind, andererseits aber auch mit Aufgaben aus dem Kontroll-, Verwaltungs- und Vertriebsbereich betraut sind. Hier muss der Lohn in einen produktiven und einen unproduktiven Anteil gesplittet werden. Der produktive Anteil wird bei den Fertigungslöhnen und der unproduktive Anteil bei den Gehältern verrechnet. Desgleichen verhält es sich bei mitarbeitenden Inhabern bzw. Geschäftsführern.

Schwierig ist die Frage nach der prozentualen Verteilung. Sie sollte sich aus meiner Sicht nach dem zu erwirtschaftenden Umsatz dieser Personen richten.

Beispiel

Unser Laborinhaber Heinz Klöppelmann erhält als Geschäftsführer des zahntechnischen Meisterbetriebs Klöppelmann & Röhrig GmbH ein Gehalt von 4000 Euro. Da er innerhalb seiner Tätigkeit für das Labor auch zahntechnische Arbeiten fertigt, muss der Teil des Gehalts, der dieser Tätigkeit entspricht, bei den Fertigungslöhnen verrechnet werden. Die Statistik des Vorjahres ergab für Heinz Klöppelmann einen Jahresumsatz von rund 72.240 Euro bei 215 Arbeitstagen.

72.240 € : 215 Tage = 336 € Tagesumsatz
336 € : 8 Stunden = 42 € Stundenumsatz
42 € : 60 Minuten = 0,70 € / Min. Kalkulationsbasis

Die Nachkalkulation ergab für das Vorjahr bei 2000 Euro Bruttolohn eine Kalkulationsbasis von 0,80 Euro. Daraus ergibt sich nachfolgende Berechnung:

2000 € : 0,80 Euro = 2500 €
2500 € · 0,70 Euro = 1750 €

Eine Kalkulationsbasis von 0,70 Euro ergibt einen Bruttolohn von 1750 Euro. Somit muss bei Heinz Klöppelmann ein Anteil von 1750 Euro bei den Fertigungslöhnen verrechnet werden, der Rest wird im Bereich Gehälter ausgewiesen.

Merksatz

Die Kalkulationsbasis ist der errechnete Minutenmindestumsatz einer zahntechnisch produktiv tätigen Kraft, bei dem alle Kosten und Risiken gedeckt sind und ein wirtschaftlich ausreichender Gewinn erzielt wird.

In dieser Art sollte mit allen Mitarbeitern des Unternehmens wie Abteilungs- und Bereichsleitern, die sowohl mit produktiver Tätigkeit und produktionsfremden Aufgaben belastet sind, verfahren werden.

Die Frage nach den produktiv tätigen Auszubildenden gestaltet sich äußerst schwierig. Einen Ansatz ihrer Ausbildungsvergütungen im Bereich der Fertigungslöhne hätte eine negative Verzerrung der Kalkulation zur Folge. Sie sind besser bei den Gehältern oder, wenn sie in ihrer Höhe im Bereich von geringfügiger Beschäftigung liegen, bei den Gemeinkostenlöhnen aufgehoben. Der von Auszubildenden erwirtschaftete Umsatz sollte als Ausgleich für den Umsatzverlust bei den Ausbildern gesehen werden.

5.2.2 Gehälter

Hier werden alle Löhne der Mitarbeiter des Betriebs verbucht, die mit produktionsfremden Aufgaben betraut und nicht aufgrund der Höhe ihrer Bezüge in Gemeinkostenlöhne zu buchen sind. Dies können Sekretärinnen, Fahrer und mitarbeitende Familienangehörige sein. Hier findet auch der produktionsfremde Lohnanteil leitender Angestellter und Unternehmer seinen Platz. Hier können auch wiederkehrende Zahlungen wie Urlaubs- und Weihnachtsgeld für die Mitarbeiter verbucht werden, wenn sie vertraglich erfolgsunabhängig gezahlt werden. Prämienzahlungen an Mitarbeiter aufgrund erfüllter Leistungsvorgaben sollten unter Fertigungslöhnen erfasst werden.

5.2.3 Gemeinkostenlöhne

Hier werden alle Lohnkosten für geringfügig Beschäftigte erfasst, die im einzelnen die zulässige Höchstgrenze (derzeit 400 Euro) nicht überschreiten.

5.2.4 Sozialkostenzuschlag

Die gesetzlichen Sozialabgaben (z. B. Arbeitgeberanteile an der Renten-, Kranken-, Arbeitslosen- und Unfallversicherung) werden auf

Basis der gezahlten Löhne und Gehälter ermittelt und hier erfasst. Auch freiwillige Sozialaufwendungen wie z. B. Pensionszusagen, Direktversicherungen, Zuschüsse zur Vermögensbildung und Beihilfen für Fahrtkosten, Verpflegung und Gesundheitspflege werden hier verbucht.

5.3 Raumkosten

5.3.1 Miete

Die entgeltliche Überlassung einer Sache zum Gebrauch (§ 535 BGB) wird als Miete bezeichnet. Der Mieter ist verpflichtet, dem Vermieter ein Entgelt zu zahlen. Dieses Entgelt, die Mietkosten ohne Nebenkosten, wird hier erfasst.

5.3.2 Energie

Energiekosten sind Ausgaben für Strom, Gas und Wasser, welche durch den Geschäftsbetrieb anfallen oder für die Aufrechterhaltung der Produktion notwendig sind.

5.3.3 Instandhaltung

Hierunter fallen alle Kosten für die Instandsetzung, Instandhaltung und Modernisierung der gemieteten Räumlichkeiten, soweit sie nicht vom Vermieter getragen werden.

5.4 Kalkulatorische Kosten

Kalkulatorische Kosten werden auch Zusatzkosten genannt. Es handelt sich um aufwandslose Kosten, die in der Geschäftsbuchführung nicht erfasst werden, da mit ihnen keine Geldausgaben verbunden sind. Ein Verzicht auf den Ansatz von kalkulatorischen Kosten bedeutet gleichzeitig einen Verzicht auf einen Teil des Gegenwerts der Betriebsleistung. Kalkulatorische Kosten bezwecken eine höhere Genauigkeit und bessere Vergleichbarkeit innerhalb der Kostenrechnung. Von der Aufwandsseite her beeinflussen sie lediglich die einzelne Kalkulation und damit verbunden das Betriebsergebnis, nicht aber das Gesamtergebnis der Unternehmung.

5.4.1 Abschreibung allgemein

Die Gegenstände des Anlagevermögens sind dazu bestimmt, dem Unternehmen langfristig zu dienen. Ihre Nutzungs- bzw. Lebensdauer ist jedoch beschränkt. Der Wert der abnutzbaren Anlagegüter wird durch Nutzung und technischen Fortschritt ständig geringer. Bei der Abschreibung handelt es sich also um die buchmäßige Erfassung des Werteverzehrs eines Wirtschaftsgutes, verursacht durch die Nutzung im Betrieb. Im Steuerrecht wird Abschreibung als „Absetzung für Abnutzung" = AFA bezeichnet

Die Wertminderung der Anlagegüter wird durch jährliche Abschreibung erfasst. Durch diese Abschreibungen werden die Anschaffungskosten eines Anlagegutes auf seine Nutzungsdauer verteilt. In der Kalkulation werden die Abschreibungen als Kosten eingesetzt. Durch die Verkaufserlöse fließen die einkalkulierten Abschreibungsbeträge in Form von liquiden Mitteln (Geld) zurück. Diese Mittel stehen nun dem Unternehmen für Ersatz- und Erweiterungsinvestitionen zur Verfügung. Das Unternehmen finanziert also selbst, d. h. aus eigener Kraft, die Neuanschaffungen. Die Abschreibung stellt daher ein bedeutendes Mittel der Selbstfinanzierung des Unternehmens dar.

Für die Berechnung des Abschreibungsbetrages gibt es zwei Methoden:

1. Lineare AFA:

Hier erfolgt die Abschreibung vom Anschaffungs- oder Herstellungswert. Es gilt:

Formel

$$\text{Abschreibungsbetrag} = \frac{\text{Anschaffungswert}}{\text{Nutzungsdauer}}$$

Bei der linearen Abschreibung wird jedes Jahr derselbe Betrag abgeschrieben.

Beispiel

Der Anschaffungswert eines Laborgerätes beträgt 10.000 Euro, die voraussichtliche Nutzungsdauer 5 Jahre.

$$\textbf{Abschreibungsbetrag} = \frac{10.000\ €}{5\ \text{Jahre}} = 2000\ €/\text{Jahr}$$

Die lineare AFA beträgt 2000 Euro/Jahr innerhalb der nächsten 5 Jahre.

Sollte das Laborgerät nach Ablauf der fünf Jahre noch weiterhin im Betrieb genutzt werden, so wird es im fünften Jahr nur mit 1999 Euro abgeschrieben und verbleibt mit 1 Euro als Erinnerungswert im Anlagenkonto.

2. Degressive AFA

Der Wertverlust eines Gegenstands des Anlagevermögens ist in den ersten Jahren höher als in den darauffolgenden Jahren. Dieser Tatsache trägt die degressive Abschreibungsmethode Rechnung, da bei ihr in den ersten Nutzungsjahren die Abschreibungsbeträge höher sind als bei linearer Abschreibung. Bei der degressiven Abschreibung wird die Abschreibung nur im ersten Nutzungsjahr vom Anschaffungswert vorgenommen, in den folgenden Jahren dagegen vom jeweiligen Buch- oder Restwert. Nach gegenwärtig geltendem Einkommensteuerrecht darf der Abschreibungsprozentsatz 20 % bzw. das Doppelte des Satzes linearer Abschreibung nicht übersteigen.

Beispiel

Der Anschaffungswert eines Laborgeräts beträgt 10.000 Euro, die voraussichtliche Nutzungsdauer 8 Jahre.

1. Jahr

10.000 € - 20 % = 2000 € AFA-Quote, Restbuchwert 8000 €

2. Jahr

8000 € - 20 % = 1600 € AFA-Quote, Restbuchwert 6400 €

3. Jahr

6400 € - 20 % = 1280 € AFA-Quote, Restbuchwert 5120 €

4. Jahr

5120 € - 20 % = 1024 € AFA-Quote, Restbuchwert 4096 €

Bei der degressiven Abschreibung wird der Nullwert des Anlageguts nach Ablauf der Nutzungsdauer nie erreicht. Um die Vorteile der hohen AFA-Quoten in den ersten Jahren bei der degressiven Abschreibung auszuschöpfen und die Nachteile der niedrigen AFA-Quote bei fortschreitendem Ablauf der Nutzungsdauer zu vermeiden, gestattet der Gesetzgeber einen Wechsel von der degressiven auf die lineare Abschreibung, wobei der Unternehmer den Zeitpunkt des Wechsels selbst bestimmt. Ein Wechsel von der linearen zur degressiven Abschreibung ist dagegen nicht erlaubt.

Beispiel

Der Anschaffungswert eines Laborgeräts beträgt 10.000 Euro, die voraussichtliche Nutzungsdauer 8 Jahre.

1. Jahr

10.000 € - 20 % = 2000 € AFA-Quote, Restbuchwert 8000 €

2. Jahr

8000 € - 20 % = 1600 € AFA-Quote, Restbuchwert 6400 €

3. Jahr

6400 € - 20 % = 1280 € AFA-Quote, Restbuchwert 5120 €

$$\frac{\text{Restbuchwert}}{\text{Restnutzungsdauer}} = \frac{5120\ €}{5\ \text{Jahre}} = 1024\ €/\text{Jahr}$$

Ab dem 4. Jahr werden jährlich 1024 Euro linear abgeschrieben.

Zumeist erfolgt ein Wechsel von der degressiven Abschreibung zur linearen Abschreibung, wenn die degressiven AFA-Quoten gleich oder geringer sind als die linearen AFA-Quoten.

Beispiel

4. Jahr
5120 € - 20 % = 1024 € AFA-Quote, Restbuchwert 4096 €
5. Jahr
4096 € - 20 % = 819,20 € AFA-Quote, Restbuchwert 3276,80 €

Ab dem vierten Jahr ist die degressive Quote identisch mit der linearen Quote. Ab dem fünften Jahr ist die degressive Quote geringer als die lineare Quote. Der Wechsel von der degressiven Abschreibung zur linearen Abschreibung nach dem dritten Jahr ist hier sinnvoll.

5.4.2 Kalkulatorische Abschreibung

Die steuerlichen Abschreibungen auf das Anlagevermögen schlagen als Aufwand in der Gesamterfolgsrechnung der Geschäftsbuchführung zu Buche und beeinflussen damit das Jahresergebnis des Betriebs sowie die Bilanz. Die bilanzmäßigen oder buchhalterischen Anlageabschreibungen richten sich in ihrer Höhe ausschließlich nach steuerrechtlichen und gewinnpolitischen Gesichtspunkten und weniger nach dem tatsächlichen Werteverzehr der Anlagen. Daher ist es notwendig, die steuerlichen Abschreibungen als Kosten in der Kalkulation auszuscheiden und an deren Stelle kalkulatorische Abschreibungen in Ansatz zu bringen.

Kalkulatorische Abschreibungen stellen Kosten dar, die die tatsächliche Wertminderung der Anlagen erfassen und somit der tatsächlichen Abnutzung der Gegenstände entsprechen. Gründe für den unterschiedlichen Wertansatz von bilanzmäßigen und kalkulatorischen Abschreibungen ergeben sich wie folgt:

- Die steuerliche Abschreibung erfasst alle Wirtschaftsgüter des Anlagevermögens gleichmäßig, unabhängig von ihrer Lebensdauer und davon, ob sie dem eigentlichen Betriebszweck dienen oder nicht. Kalkulatorisch abgeschrieben werden nur Anlagegüter, die betriebsnotwendig sind. Als betriebsnotwendig gelten alle Anlagen, die laufend dem Betriebszweck und der Leistungsherstellung dienen. Stillgelegte und sonstige Anlagegüter werden bei der Ermittlung der kalkulatorischen Abschreibungen nicht berücksichtigt, mit Ausnahme von Reserveanlagen.

- Grundlage der Bilanzabschreibungen sind die Anschaffungs- oder Herstellungskosten des Anlageguts. Die Abschreibung wird auf die geschätzte Nutzungsdauer verteilt und dient damit lediglich der nominellen Kapitalerhaltung. Kalkulatorische Abschreibungen werden dagegen auf Grundlage der tatsächlichen Nutzungsdauer und der gestiegenen Wiederbeschaffungskosten berechnet. Dadurch ist eine substanzielle Kapitalerhaltung möglich. Der Betrieb soll in die Lage versetzt werden, über die in den Erlösen des Verkaufspreises der hergestellten Arbeiten zurückgeflossenen Abschreibungsbeträge neue Geräte zu beschaffen.

Beispiel Ein Gussgerät wird für 10.000 Euro angeschafft. Steuerlich wird das Gussgerät in 5 Jahren abgeschrieben. Kalkulatorisch ist eine Lebensdauer von 10 Jahren zu erreichen, der Teuerungsindex beträgt 2,5 % pro Jahr. Die steuerliche Abschreibung würde in diesem Fall

10.000 € : 5 = 2000 € betragen (5 Jahre lang).

Formel Die kalkulatorische Abschreibung ergibt sich aus Anschaffungspreis · Teuerung = Wiederbeschaffungswert.

10.000 € · 125 : 100 = 12.500 €
Wiederbeschaffungswert : kalkulatorische Lebensdauer = kalkulatorische Abschreibung
12.500 € : 10 = 1250 € (10 Jahre lang).

- Anlagegut wird in der Geschäftsbuchführung bilanzmäßig bis zum Erinnerungswert von 1 Euro abgeschrieben. Kalkulatorische Abschreibungen werden dagegen so lange fortgesetzt, wie das betreffende Anlagegut noch im Betrieb verwendet wird, also unabhängig davon, ob es bilanziell bereits abgeschrieben ist oder nicht.

5.4.3 Kalkulatorische Zinsen

Die für das Fremdkapital gezahlten Zinsen werden in der Geschäftsbuchführung als Aufwand erfasst und finden direkten Eingang in die Jahresgemeinkostensumme. Für das im Betrieb investierte Eigenkapital ist eine kalkulatorische Verzinsung in Ansatz zu bringen, da der Markt im Erlös auch eine Verzinsung für das Eigenkapital vergüten muss. Andernfalls wäre es zweckmäßiger, das Eigenkapital in einer anderen Verwendungsart zinsbringend anzulegen. Bei der Berechnung der Eigenkapitalverzinsung werden die Konditionen der optimalen Alternativanlage zugrunde gelegt.

Für kalkulatorische Zwecke kann die Verzinsung des in den Betrieb investierten Kapitals auch in der Gesamtheit erfasst werden. Hierbei scheidet man die Zinsaufwendungen für das Fremdkapital in der Gemeinkostenrechnung aus und bringt eine kalkulatorische Verzinsung für das gesamte Betriebsvermögen in Ansatz.

Beispiel

	Betriebsnotwendiges Anlagevermögen (z. B. Maschinen, Betriebsgebäude u. a.)	250.000 €
+	Betriebsnotwendiges Umlaufvermögen (z. B. Material, Forderungen, Zahlungsmittel)	200.000 €
=	Betriebsnotwendiges Vermögen	450.000 €

Berechnung der kalkulatorischen Zinsen:

10 % von 450.000 € = 45.000 €

45.000 € : 12 = 3750 € monatliche kalkulatorische Zinsen.

Die Höhe der Verzinsung richtet sich nach dem Kalkulationszinsfuß. Das heißt, die Verzinsung entspricht den Konditionen der günstigsten Fremdkapitalbeschaffung bzw. den Konditionen der optimalen Alternativanlage.

5.4.4 Kalkulatorische Miete

Wenn ein Einzelunternehmer oder ein Personengesellschafter private Räume für betriebliche Zwecke unentgeltlich zur Verfügung stellt, kann eine kalkulatorische Miete in Ansatz gebracht werden, da im Fall anderweitiger Verwendung der Räumlichkeiten Mieterträge erzielt werden können. Berechnungsgrundlage ist die ortsübliche Miete pro Quadratmeter für vergleichbare Objekte.

5.4.5 Unternehmerlohn allgemein

In Kapitalgesellschaften (GmbH, AG) beziehen die leitenden Personen (Geschäftsführer, Unternehmer, Vorstand) Gehälter, die als Kosten im Personalbereich dieser Unternehmensform eingehen.

Dieser Lohn wird in Ansatz gebracht für die gesamte Arbeit im Unternehmen. Er zerfällt in einen direkt verrechenbaren oder „produktiven“ und in einen nicht direkt verrechenbaren oder „unproduktiven“ Anteil. Der produktive Anteil des Meisterlohns, der für die unmittelbare Arbeit am Stück anfällt, wird mit dem üblichen Stundenlohn als Einzelkosten (Lohnkosten) verrechnet. Der unproduktive Anteil des Unternehmerlohns findet Eingang in die Jahresgemeinkostensumme im Bereich Gehälter. Er wird in Ansatz gebracht für die überwachende, disponierende und verwaltende Tätigkeit des Betriebsinhabers.

5.4.6 Kalkulatorischer Unternehmerlohn

In Einzelunternehmungen und Personengesellschaften (OHG, KG, GbR) dagegen erhalten die mitarbeitenden Inhaber oder Gesellschafter keine Gehälter, sondern der Jahresgewinn wird unter Berücksichtigung von Einlagen und Entnahmen als Einkommen angesehen.

In der Kalkulation kann die Leistung des Betriebsinhabers jedoch nicht nur mit dem Gewinnzuschlag abgegolten werden. Wenn der kalkulatorische Meisterlohn nicht als Posten in der Kalkulation verrechnet wird, bedeutet das nichts anderes, als dass der Betriebsinhaber einen Teil seiner Arbeit verschenkt.

Das Entgelt für die Arbeitsleistung der Betriebsführung (Einzelunternehmer oder geschäftsführende Gesellschafter von Personengesellschaften) muss als Kostenfaktor in die Selbstkosten eingerechnet werden, wenn diese nicht zu niedrig sein sollen. Der kalkulatorische Unternehmerlohn richtet sich in seiner Gesamthöhe mindestens nach dem Gehalt, das für einen Betriebsleiter mit der gleichen Aufgabe bezahlt werden müsste. Für mithelfende Familienmitglieder, die keine direkte Entlohnung erhalten, ist ebenfalls ein kalkulatorisches Entgelt in Ansatz zu bringen.

Liegt das Gehalt eines Unternehmers einer Kapitalgesellschaft deutlich unter dem für diese Position üblichen Entgelt, sollte die Differenz im Bereich des kalkulatorischen Unternehmerlohns in Ansatz gebracht werden, um diesen Unterschied über die Gewinnerhöhung auszugleichen.

Beispiel

Unser Laborinhaber Heinz Klöppelmann zahlt sich als Geschäftsführer des zahntechnischen Meisterbetriebs Klöppelmann & Röhrig GmbH ein Gehalt von 4000 Euro. Angedacht ist jedoch ein Gehalt von 5000 Euro, welches einer angemessenen Entlohnung seiner Position im Unternehmen entspricht und im Jahresschnitt angestrebt wird. Die 4000 Euro Festgehalt werden bei den Fertigungslöhnen und den Gehältern verrechnet, während die 1000 Euro monatliche Differenz dem kalkulatorischen Unternehmerlohn hinzugerechnet werden.

Merksatz

Kalkulatorische Zinsen, kalkulatorische Miete und kalkulatorischer Unternehmerlohn sind Zusatzkosten und beruhen auf entgangenen Erträgen aus dem Einsatz unternehmereigener Faktoren (Eigenkapital, Räume, Arbeitskraft). Diesen Zusatzkosten steht gar kein Aufwand gegenüber. Kalkulatorische Abschreibungen stellen dagegen Anderskosten dar, weil ihnen ein Aufwand in anderer Höhe (steuerliche Abschreibung) gegenübersteht.

5.5 Steuern/Gebühren/Beiträge/Zinsen

Hier werden die umsatz- und gewinnunabhängigen Steuern erfasst, wie z. B. die Grundsteuer oder die Kraftfahrzeugsteuer. Selbst die Hundesteuer für ihren Haushund können Sie hier verrechnen, wenn Sie ihn nachweislich als Wachhund im Labor einsetzen. Des weiteren finden hier Gebühren für Mitgliedschaften in Einkaufsgemeinschaften oder anderen ähnlich gelagerten Institutionen ihren Platz. Beiträge für Innungsmitgliedschaft, Berufsgenossenschaft oder die Initiative Pro Dente werden hier erfasst, gleichermaßen die Sollzinsen für das Fremdkapital.

5.6 Fahrzeuge/Werbekosten/Reparaturen/GWG

Unter diese Positionen fallen Kosten für Firmenfahrzeuge wie Kraftstoff, Reinigung, Instandhaltung usw. oder Werbematerial wie Kugelschreiber, Blöcke, Feuerzeuge oder die Kosten für einen Hausprospekt sowie andere Werbebroschüren. Auch die Kosten für Fortbildungen des Unternehmers und seiner Mitarbeiter werden hier erfasst, wie auch die Kosten für eigene Werbe- und Fortbildungsveranstaltungen. Sämtliche Kosten für Reparaturen die für die Aufrechterhaltung des Betriebs und der Produktion notwendig sind, sind ebenfalls hier anzusetzen. Schließlich werden hier die Kosten der GWG (= geringwertige Güter), soweit Sie noch nicht voll abgeschrieben sind, berücksichtigt.

5.7 Bürokosten/Porto/Telefon/Leasing/sonstige Kosten

Hierunter fallen sämtliche Kosten, die im Zusammenhang mit Bürobedarf und Rechnungslegung stehen, wie z. B. Portokosten bzw. Kosten für Paket- und Kurierdienste, Telefonkosten (auch Mobiltelefone). Leasingkosten, insbesondere für Fahrzeuge und Geräte sowie sonstige anfallende, aber noch nirgendwo verrechnete Kosten.

Merksatz *Der Kostenabrechnungsbogen gibt eine genaue Übersicht, welche Kosten uns im Betriebsablauf entstehen, wo sie entstanden sind und wie sie zu verrechnen sind. Die Erfassung und Verrechnung der Kosten geschieht durch die Daten der Buchführung beim Monats- bzw. Jahresabschluss. Wenn die Zahlen nicht selbst ermittelt werden, kann dies auch durch den Steuerberater bei der laufenden Bearbeitung der Buchführungsdaten geschehen.*

6 Zeitkalkulation – Bemessung

Neben der Kostenstruktur des Betriebs ist die Zeit, die für die Anfertigung eines Werkstücks benötigt wird, der zweite große Baustein der Kalkulation. Nur die genaue Ermittlung der benötigten Arbeitszeit in Verbindung mit einer exakten Kostenstruktur lässt eine genaue Preiskalkulation zu.

Wenn von Zeitkalkulation gesprochen wird, so ist dieses nicht ganz richtig, denn Zeit lässt sich im Grunde nicht kalkulieren, sondern messen. Jeder einzelne Arbeitsschritt muss zeitlich gemessen werden, um daraus eine Gesamtzeitmessung bzw. eine Gesamtzeitkalkulation erstellen zu können.

Mit der Arbeitszeitmessung bzw. mit Arbeitszeitstudien haben sich besonders REFA-Fachleute beschäftigt.

6.1 REFA

REFA = Abkürzung für den 1924 gegründeten Reichsausschuss für Arbeitszeitermittlung. Seit 1936 Reichsausschuss für Arbeitsstudien und seit 1948 Verband für Arbeitsstudien, REFA e. V., mit Sitz in Darmstadt.

Der Verband wird von Arbeitgebern und Gewerkschaften unterstützt. Seine Aufgabe ist die Förderung der Grundlagenforschung und der Ausbildung von Fachleuten auf dem Gebiet der Arbeitsstudien.

REFA-Studien zeigen auf:

1. Arbeitsablaufstudien,
2. Arbeitszeitstudien,
3. Arbeitswertstudien,
4. Kostenstudien.

Arbeitsstudien dienen der systematischen Untersuchung von Arbeitsvorgängen zum Zweck der Arbeitsgestaltung. Die wirtschaftlichste Arbeitsweise soll ermittelt werden. Das Ziel ist die Entwicklung vergleichbarer, einheitlicher Maße für Arbeit und Leistung. Es werden Verfahren der Arbeitsbewertung erarbeitet, die zur Bestimmung der Anforderungen einzelner Arbeitsaufgaben an den Arbeitenden dienen.

Merksatz

REFA-Studien dienen in der Zahntechnik zur Ermittlung von Vorgabezeiten. Die Vorgabezeit entspricht der Sollarbeitszeit bei Normalleistung. Zur Ermittlung der Vorgabezeit müssen exakte Zeitmessungen (Zeitstudien) durchgeführt werden. Als Normalleistung (normales Arbeitstempo) wird die REFA-Normalleistung zugrunde gelegt.

REFA-Normalleistungsdefinition

Unter REFA-Normalleistung wird eine Bewegungsausführung verstanden, die dem Beobachter hinsichtlich der Einzelbewegungen, der Bewegungsabfolge und ihrer Koordinierung besonders harmonisch, natürlich und ausgeglichen erscheint. Sie kann erfahrungsgemäß von jedem in erforderlichem Maß geeigneten, geübten und voll eingearbeiteten Arbeiter auf Dauer und im Mittel der Schicht erbracht werden, sofern er für persönliche Bedürfnisse und gegebenenfalls auch für Erholung vorgegebene Zeiten einhält und eine freie Entfaltung seiner Fähigkeiten nicht behindert wird.

Da bei der Kalkulation einer Arbeit noch nicht bekannt ist, ob die Arbeit von dem Techniker A, B oder C ausgeführt wird, müssen die Einzelzeitwerte der Bennenungsposition so angesetzt werden, dass jeder der drei Techniker in der Lage ist, die Arbeit in dieser Zeit auszuführen. Es ist also mit einer sogenannten Vorgabezeit zu arbeiten.

Diese Vorgabezeiten der einzelnen Benennungspositionen können durch Zeitmessungen im eigenen Betrieb gefunden oder aber an Messdaten vorhandener Zeitbemessungen orientiert von anderen Betrieben übernommen werden.

Übernommene Daten sollten jedoch auch durch Zeitmessungen im eigenen Betrieb kontrolliert werden. Für das BEB-Leistungsverzeichnis wurden vom VDZI zu den Erläuterungen der einzelnen Positionen auch Vorgabezeiten, die durch REFA-Messungen ermittelt wurden, für die Leistungspositionen angegeben. Diese Zeiten können als kalkulationsrelevante Zeitangaben für die Privatpreisliste der einzelnen Betriebe angesehen werden, sind aber sicherlich durch eigene Zeitmessungen noch zu verbessern.

Die Arbeitszeitstudie ist ein Verfahren für die Bestimmung des Zeitaufwands für einen Arbeitsvorgang. Gemessen wird die Tätigkeits- bzw. Ausführungszeit, d. h. die Ist-Zeit für die Erarbeitung bzw. Erstellung eines Werkstücks. Eine Verteilzeit für auftragsbedingte und persönliche Unterbrechungen wird der Ist-Zeit zugeschlagen.

6.2 Arbeitszeitgliederung

Es ergibt sich folgende Arbeitszeitgliederung:
Anwesenheit des Arbeitnehmers (Gesamtzeit):

Gesamtzeit – Verteilzeit

a) persönliche Verteilzeit 10 %
(z. B. Gespräche mit Kollegen, kurze Erholungszeiten usw.)

b) auftragsbedingte Verteilzeit 15 %
(Rüstzeit, Besprechung der Arbeit mit Vorgesetzten, Kontrolle der Arbeit durch Vorgesetzte usw.)

= Tätigkeitszeit (Ist-Zeit).

Beispiel

Für die Herstellung eines einfachen Modells wurde eine Tätigkeitszeit (Ist-Zeit) von 8 Minuten gemessen. Für die Bemessung der Gesamtzeit zur Herstellung ergibt sich folgende Rechnung:

$$\frac{8\text{ Min.} \cdot 125\ \%}{100\ \%} = 10\text{ Min.}$$

Für die Herstellung des Modells können wir somit eine Gesamtzeit von 10 Minuten veranschlagen.

7 Kalkulationsarten

Viele Wege führen ans Ziel. Doch welcher Weg ist der Richtige? Der bequemste Weg ist nicht immer der Beste und der Schwerste nicht immer der Richtige. Es kommt auf die Möglichkeiten und Fähigkeiten des einzelnen Betriebs an, welcher Weg der Vernünftigste ist. Erst im sicheren Wissen um die jeweiligen Schwächen und Stärken kann eine Entscheidung getroffen werden.

Genauso verhält es sich mit der Kalkulation. Auch hier gibt es viele Ansätze und es ist zu prüfen, welcher Ansatz der Richtige für den Betrieb und dessen Arbeit, bzw. das Handwerk ist.

7.1 Die Divisionskalkulation

Die Divisionskalkulation findet Anwendung in Unternehmen, die ein einheitliches Produkt (sprich: Massenfertigung) herstellen. Hier werden die Gesamtkosten (K) eines Zeitraums durch die in diesem Zeitraum produzierte Menge (m) dividiert. Als Ergebnis entstehen die Stückkosten (k).

$$k = \frac{K}{m}$$

Formel

Dies wird als einstufige Divisionskalkulation bezeichnet. Außerdem gibt es noch die mehrstufige Divisionskalkulation und die Divisionskalkulation mit Äquivalenzziffern.

7.2 Die Deckungsbeitragsrechnung

Die Deckungsbeitragsrechnung geht von der Differenz zwischen den direkt zurechenbaren Einzelkosten (variable Kosten) und dem Erlös aus. Diese Differenz heißt Deckungsbeitrag. Der Deckungsbeitrag abzüglich der Gemeinkosten (fixe Kosten) ergibt den Gewinn. Die Deckungsbeitragsrechnung sollte zur Gewinnschwellenberechnung erweitert werden. Die Gewinnschwellenrechnung gibt Aufschluss darüber, ab welcher Erlöshöhe bei gegebenen Gesamtkosten der sogenante „break even point“ überschritten wird und der Betrieb Gewinn erzielt.

Formel

$$\text{Gewinnschwellenumsatz (Mindestumsatz)} = \frac{\text{Fixkosten}}{\text{Deckungsgrad}}$$

$$\text{Deckungsgrad} = \frac{\text{Deckungsbeitrag}}{\text{Umsatz}}$$

Beispiel

Erlös	500.000 €
– Einzelkosten	300.000 €
= Deckungsbeitrag	200.000 €
– Fixkosten	100.000 €
= Gewinn	100.000 €

$$\text{Deckungsgrad} = \frac{200.000\ €}{500.000\ €} = 0{,}40\ €$$

$$\text{Gewinnschwellenumsatz} = \frac{100.000\ €}{0{,}40\ €} = 250.000\ €$$

Der „break even point“ liegt bei 250.000 Euro, d. h. der Betrieb muss einen Umsatz von mindestens 250.000 Euro erzielen, um die Fixkosten durch den Deckungsbeitrag abzudecken. Die Deckungsbeitragsrechnung findet meistens ihre Anwendung im industriellen Rechnungswesen bei Betrieben, die unterschiedliche Erzeugnisse mit unterschiedlichen Produktionsbereichen herstellen und schnell auf Markt- und Beschäftigungsänderungen reagieren müssen. Sie ist sicherlich auch für den zahntechnischen Betrieb geeignet, aus meiner Sicht jedoch nur schwer vom Einzelunternehmer umzusetzen. Sie erfordert eine kurzfristig intensivere Pflege der EDV und kann hier nicht unbedingt langfristige Prognosen liefern.

7.3 Die Zuschlagskalkulation

Die Zuschlagskalkulation wird angewendet, wenn in einem Betrieb verschiedene Arten von Produkten in mehrstufigen Produktionsabläufen bei unterschiedlicher Kostenverursachung hergestellt werden, wie z. B. bei Einzelfertigung. Dies trifft auf die Zahntechnik in vollem Umfang zu. Der Vorteil der Zuschlagskalkulation gegenüber anderen Kalkulationsverfahren liegt darin, dass sie sich sehr leicht einer verzweigten Produktion anpassen lässt. Dieses Kalkulationsverfahren teilt die Kosten in Einzelkosten (in der Zahntechnik Fertigungslöhne und Materialkosten), die den Kostenträgern direkt zugerechnet werden, und in Gemeinkosten, die indirekt mit Hilfe von Zuschlägen verrechnet werden.

Die Zuschlagskalkulation passt sich in ihrem Aufbau der Hauptkostenstellengliederung des Kostenabrechnungsbogens an. Ihren besonderen praktischen Wert gewinnt die Zuschlagskalkulation dadurch, dass sie sich besonders für die Vorkalkulation einsetzen lässt. Die Vorkalkulation soll bereits vor Auftragsdurchführung eine verbindliche Aussage über den zu fordernden Preis machen. Sie liegt also zeitlich vor dem eigentlichen Fertigungsprozess und basiert auf den zu erwartenden Kosten. Sie eignet sich somit besonders dafür, eine für den Betrieb gültige Preisliste der verschiedenen zahntechnischen Arbeiten anzufertigen.

Der Wahl der richtigen Bezugsbasis bei der Ermittlung der Gemeinkostenzuschläge ist besondere Aufmerksamkeit zu schenken. Je kleiner die Basis ist und je größer die zu verrechnenden Gemeinkosten sind, desto höher werden die Zuschlagsprozentsätze und desto stärker wirken sich die geringsten Fehler bei der Kostenerfassung der Basisgröße aus.

In der Zahntechnik wird der Fertigungslohn als Basis für die Gemeinkostenzuschläge verwendet. Als Nachteil ist anzuführen, dass die absolute Höhe der Zuschläge abhängig ist von der Lohnhöhe der ausführenden Kräfte. Folglich ändern sich bei jeder Lohnerhöhung nicht nur die Gemeinkostenzuschläge, sondern es ergibt sich auch eine andere Bezugsbasis. Dass dieser Nachteil im Zahntechnikerhandwerk jedoch nicht so schwerwiegend ist, werde ich an anderer Stelle noch genauer ausführen.

Auf der nächsten Seite finden Sie das notwendige Schema zur Erstellung einer Zuschlagskalkulation für zahntechnische Leistungen. Mit Hilfe dieser Zuschlagskalkulation kann der kalkulierte betriebliche Preis errechnet werden. Dadurch ist der Betrieb dann z. B. in der Lage, eine Privatpreisliste für zahntechnische Leistungen zu erstellen

Zuschlagskalkulation für zahntechnische Leistungen

Fertigungslohn

(Arbeitszeiterfassung · Bruttostundenlohn) € ____________

+ Lohngemeinkostenzuschlag ____________
(% des Fertigungslohns)
+ Fertigungsverbrauchsmaterial ____________
(% des Fertigungslohns)
+ Gemeinkostenzuschlag ____________
(% des Fertigungslohns)

= Herstellungskosten

+ kalkulatorische Kosten ____________
(% des Fertigungslohns)

= Selbstkosten

+ Wagnisaufschlag in % der Selbstkosten ____________

+ Gewinnaufschlag in % der Selbstkosten ____________

= Verkaufspreis der zahntechnischen Leistung

+ Verkaufsmaterial (Edelmetall, Zähne und Hilfsteile) ____________

= Nettopreis

+ % Mehrwertsteuer ____________

= Bruttopreis

8 Der virtuelle Betrieb

Um eine Grundlage für die nachfolgenden Berechnungen zu schaffen, habe ich einen virtuellen Betrieb entwickelt und ihm eine seiner Zusammensetzung entsprechende Kostenstruktur gegeben. Es ist die Klöppelmann & Röhrig Zahntechnik GmbH, welche ich schon in Kapitel 4.4 erwähnt habe. Personaltechnisch stellt sich die Firma wie folgt da:

Inhaber:
Zahntechnikermeister Heinz Klöppelmann
Zahntechnikermeister Max Röhrig
Beide arbeiten noch aktiv im Betrieb und sind in allen Bereichen einsetzbar. Schwerpunktmäßig haben sie sich auf Edelmetall- und Keramikarbeiten sowie die Fräs- und Geschiebetechnik festgelegt.
Mitarbeiter:
Zahntechnikerin Heidi Glücklich – Edelmetall und Keramik
Zahntechnikerin Carola Pöttermann – Edelmetall, Keramik und Frästechnik
Zahntechnikerin Silke Meierlein – Kunststoff und Modellguss
Zahntechnikerin Monika Fröhlich – Kunststoff
Zahntechniker Justus Ganselheimer – Modellguss und Frästechnik
Zahntechnische Assistentin Hilde Herzlich – Arbeitsvorbereitung
Auszubildende Paula Sorgfalt
Auszubildender Daniel Düse
Bürokauffrau Doris Bangemann
Fahrer Heinz Schnell

Dieser Betrieb stellt eine mittlere Betriebsgröße dar und könnte in dieser Form auch im wirklichen Leben existieren. Ich denke, dass virtuelle Betriebe in verschiedenen Betriebsgrößen bei den einzelnen Innungen oder dem VDZI erstellt werden sollten, um anonym und neutral Daten über die Kostenstruktur der einzelnen Mitgliedsbetriebe zu sammeln und diese auszuwerten. Die hier gewonnenen Erkenntnisse könnten für Preisverhandlungen und zur Sicherstellung des Zahntechnikerhandwerks genutzt werden. Außerdem könnten die Erkenntnisse für die einzelnen Betriebe sehr hilfreich sein bei der Kostenkontrolle und Personalplanung. Gleichzeitig könnten die Unternehmer im Zahntechnikerhandwerk ihre Position im Bereich Kosten und Leistungen gegenüber anderen Betrieben besser einschätzen und eventuelle Betriebssicherungsmaßnahmen ergreifen. Nur gemeinsam kann eine positive Zukunft für die Betriebe, die Mitarbeiter und das Zahntechnikerhandwerk gestaltet werden.

9 Kalkulation einer BEB-Position

Im nachfolgenden Beispiel soll die BEB-Einzelposition (BEB 97) 2612 „Mehrflächige Verblendung aus Keramik“ kalkuliert werden. Wie in diesem Beispiel dargestellt, können auch alle anderen Positionen der BEB-Liste kalkuliert werden. Die notwendigen Vorgabezeiten können der im Anhang befindlichen Liste entnommen werden. Die angegebenen Zeiten sind Nettozeiten zuzuglich einer 25 % igen Verteilzeit.

Die Vorgabezeit (Nettozeit) für die Position 2612 „Mehrflächige Verblendung aus Keramik“ beträgt 76 Minuten zuzüglich Verteilzeit.

Formel

$$\frac{76 \text{ Min.} \cdot 125\,\%}{100\,\%} = 95 \text{ Min}$$

Die Kalkulationsbasis der Arbeitszeit für die mehrflächige Keramikverblendung beträgt somit 95 Minuten.

Merksatz

Da nach Möglichkeit immer mit vollen Minuten gerechnet werden soll, werden die Hinterkommastellen, wenn sie dann entstehen, immer auf volle Minuten ab- oder aufgerundet.
Die Vorgabezeiten sollten in jedem Fall überprüft bzw. durch eigene Messungen kontrolliert und gegebenenfalls auf die ermittelte Größe korrigiert werden.

9.1 Berechnung des Stundenlohns

Um eine genaue Kalkulation einer Arbeit erstellen zu können, ist zu ermitteln, mit welchem Stundenlohn die kalkulierte Arbeitszeit verrechnet werden muss, um den Fertigungslohn zu erhalten.

Formel

Dazu benötigen wir drei Angaben:

1. Arbeitstage pro Jahr
2. Arbeitszeit pro Woche bzw. pro Tag
3. Bruttogehalt

zu 1: Die Arbeitstage pro Jahr errechnen wir wie folgt:

Tage pro Jahr
– Wochenenden
– Feiertage
– Urlaubstage
– Bildungsurlaub
– durchschnittliche Krankheitstage pro Jahr
= Arbeitstage pro Jahr.

Wochenenden

Unser Jahr hat zwölf Monate, welche sich aus 52 Wochen zusammensetzen. Bei 52 Wochen und zwei Wochenendtagen macht das 104 Tage.

Feiertage

Da es von Bundesland zu Bundesland teilweise unterschiedliche Feiertage gibt, sind zum Teil zwischen neun und 14 Feiertage, die nicht standardmäßig auf einen Sonntag fallen, zu veranschlagen. Es ist daher am Jahresanfang zu prüfen, wie viele Feiertage im laufenden Jahr auf einen Arbeitstag fallen. Ich spreche hier bewusst von Arbeitstagen und nicht Werktagen. Werktage beinhalten den Samstag als Arbeitstag, was aber in der Zahntechnik nicht üblich ist. Bei unserem Kalkulationsbeispiel nehmen wir neun Feiertage und gehen davon aus, dass alle Feiertage auf einen Arbeitstag fallen.

Urlaubstage

Da es im Zahntechnikerhandwerk keine Tarifverträge gibt, könnte von der gesetzlichen Regelung (24 Werktage = 20 Arbeitstage) ausgegangen werden. Erfahrungsgemäß wird heute jedoch ein Jahresurlaub von 25 bis 28 Arbeitstagen gewährt. Im Beispiel werden daher durchschnittlich 25 Tage Urlaub zugrunde gelegt.

Bildungsurlaub

Jedem Arbeitnehmer stehen pro Jahr fünf Tage Bildungsurlaub bzw. alle zwei Jahre zehn Tage Bildungsurlaub bei Lohnfortzahlung zu. Über Sinn und Zweck dieses Bildungsurlaubs mag gestritten werden, insbesondere im Hinblick auf die Vielfalt des Bildungsurlaubs. Die örtlichen Volkshochschulen bieten hier ein umfassendes Programm verschiedener Möglichkeiten, die größtenteils nichts mit dem Zahntechnikerhandwerk zu tun haben. Vor dem Hintergrund steigender Lohnkosten sollte dieser Punkt sicherlich kontrovers diskutiert werden. Ob Allgemeinbildung auf Kosten des Arbeitgebers verbunden mit steigenden Lohnnebenkosten bei den aktuellen Arbeitslosenzahlen noch zeitgemäß ist, mag dahin gestellt sein. Berufsspezifische Fortbildung unserer Mitarbeiter sollte jedoch uneingeschränkt unterstützt werden, kommt sie doch dem Betrieb durch neues Wissen zugute. Eine Freistellung der Mitarbeiter bei Lohnfortzahlung ist in letzteren Fällen aus meiner Sicht eine sinnvolle und notwendige Investition in die Zukunft der Betriebe.

Krankheitstage

Hier werden die im Jahr angefallenen gesamten Krankheitstage des Betriebs anteilsmäßig auf die Mitarbeiterzahl des Betriebs verteilt. Bei 40 Krankheitstagen im Jahr und zehn Mitarbeitern im Betrieb ergibt das z. B. einen Durchschnitt von vier Krankheitstagen pro Mitarbeiter. Dieser Durchschnittswert kann für die Vorkalkulation des Folgejahrs als Basis verwendet werden.

Aus diesen Erläuterungen ergibt sich folgende Rechnung:

	365	Tage/Jahr
-	104	Tage (Samstag, Sonntag)
-	9	Tage (Feiertage Beispiel Niedersachsen)
-	25	Tage (Urlaubsdurchschnitt als Beispiel)
-	5	Tage (Bildungsurlaub)
-	4	Tage (Krankheitstage als Beispiel)
=	218	Tage (Arbeitstage pro Jahr)

zu 2: Die Arbeitszeit pro Tag errechnet sich aus der Wochenarbeitszeit. Trotz aller Forderungen nach einer Arbeitszeitverkürzung ist davon auszugehen, dass im Zahntechnikerhandwerk eine 40-Stunden-Woche im überwiegenden Teil der Betriebe üblich ist. Bei fünf Arbeitstagen und einer 40-Stunden-Woche ergibt sich eine tägliche Arbeitszeit von acht Stunden.

zu 3: Der Bruttolohn, der für die Errechnung des Stundenlohns herangezogen wird, ist im Allgemeinen der Lohn des Technikers oder der Technikerin, die die zu kalkulierende Arbeit anfertigt. Da jedoch nicht immer spezifische, sondern auch allgemeine Kalkulationen durchzuführen sind, muss in den meisten Fällen mit Durchschnittslöhnen bzw. Vorgabelöhnen kalkuliert werden. Durchschnittslöhne sehe ich als Problem an, weil sie zu einer nicht sachgerechten Mischkalkulation führen und dem Betrieb und seinen Mitarbeitern den notwendigen Entwicklungsspielraum nehmen. Alternativ sollte also entweder ein Vorgabelohn für die Mitarbeiter des Betriebs verwendet oder sich auf Lohnerhebungen, wie sie z. B. von den Innungen oder vom VDZI herausgegeben werden, gestützt werden. Dies ist besonders bei der Preiskalkulation der BEB-Liste, der sogenannten Privatpreisliste, notwendig. Da auch hier nicht jede angefertigte Arbeit immer wieder neu kalkuliert werden kann, muss eine eigene Preisliste auf der Basis von Vorgabebruttolöhnen erstellt werden. Ich werde hierauf im weiteren Verlauf des Buches noch genauer eingehen (siehe Kapitel 15).

Der Stundenlohn ergibt sich aus folgender Rechnung:

Formel

Arbeitstage pro Jahr = 218 Tage

Arbeitszeit pro Tag = 8 Stunden (bei 40 Stunden Arbeitszeit pro Woche)

$$\frac{\text{218 Tage} \cdot \text{8 Stunden}}{\text{12 Monate}} = \text{145,33 Std.}$$

Die monatliche Arbeitszeit zur Errechnung des Stundenlohns beträgt 145,33 Stunden pro Monat. Der Stundenlohn errechnet sich durch Division des Bruttolohns durch die monatlichen Arbeitsstunden.

$$\frac{\text{Bruttolohn}}{\text{Stunden pro Monat}} = \text{Stundenlohn}$$

Formel

In unserem virtuellen Betrieb werden die Keramikverblendungen überwiegend von der Zahntechnikerin Heidi Glücklich angefertigt. Sie bezieht ein Bruttogehalt von 2300 Euro. Auf Basis ihres Bruttolohns werden wir die Berechnungen für die BEB-Position 2612 „Mehrflächige Verblendung aus Keramik" durchführen.

Bruttolohn = 2300 €

Stunden pro Monat = 145,33 Std.

$$\frac{2300\ \text{€}}{145{,}33\ \text{Stunden}} = 15{,}83\ \text{€/Stunde}$$

Der Stundenlohn beträgt bei der 40-Stunden-Woche 15,83 Euro pro Stunde.

9.2 Berechnung des Fertigungslohns

Ausgangspunkt der Kalkulation ist der Fertigungslohn, d. h. die im Personalbereich anfallenden Fertigungslöhne. Der Fertigungslohn für die erbrachte Leistung ergibt sich aus der errechneten, benötigten Arbeitszeit multipliziert mit dem errechneten Bruttostundenlohn.

Arbeitszeiterfassung · Bruttostundenlohn = Fertigungslohn

Formel

Arbeitszeiterfassung (BEB-Position 2612) = 95 Minuten

Bruttostundenlohn = 15,83 €

$$\frac{\text{Bruttostundenlohn} \cdot \text{Arbeitszeit in Minuten}}{\text{60 Minuten}} = \text{Fertigungslohn}$$

$$\frac{\textbf{15,83 €} \cdot \textbf{95 Min}}{\textbf{60 Minuten}} = \textbf{25,06 €}$$

Sieh Seite 71

Der Fertigungslohn für die Verblendung beträgt 25,06 €.

9.3 Berechnung der Zuschlagsätze

Die Grundlage für die Berechnung der Zuschlagsätze ist der Kostenabrechnungsbogen unseres Musterbetriebs Klöppelmann & Röhrig Zahntechnik GmbH. Die Zuschlagskalkulation geht von den Einzelkosten, in unserem Fall dem Fertigungslohn, aus und führt durch schrittweise Einrechnung der anteiligen Gemeinkosten über Gemeinkostenzuschlagsätze zu den Selbstkosten. Die Zuschlagsätze für die Lohngemeinkosten, das Fertigungsverbrauchsmaterial, die Gemeinkosten und die kalkulatorischen Kosten lassen sich durch nachstehende Formeln berechnen.

Formel

Lohngemeinkostenzuschlag

$$\frac{\text{Gemeinkostenlöhne} + \text{Gehälter} + \text{Sozialkosten} \cdot 100}{\text{Fertigungslöhne}} = \%$$

Formel

Fertigungsverbrauchsmaterialzuschlag

$$\frac{\text{Verbrauchsmaterial} \cdot 100}{\text{Fertigungslöhne}} = \%$$

Formel

Gemeinkostenzuschlag

$$\frac{\begin{array}{l}\text{Raumkosten} + \text{Steuern / Gebühren / Beiträge}\\ + \text{Fahrzeuge, Werbungskosten, Reparaturen, GWG}\\ + \text{Bürokosten, Porto, Telefon, Leasing, sonstige Kosten} \cdot 100\end{array}}{\text{Fertigungslöhne}} = \%$$

Zuschlagskalkulation für zahntechnische Leistungen

Fertigungslohn	
(Arbeitszeiterfassung x Bruttostundenlohn)	€ 25,06
+ Lohngemeinkostenzuschlag	
(% des Fertigungslohns)	________
+ Fertigungsverbrauchsmaterial	
(% des Fertigungslohns)	________
+ Gemeinkostenzuschlag	
(% des Fertigungslohns)	________
= Herstellungskosten	
+ kalkulatorische Kosten	
(% des Fertigungslohns)	________
= Selbstkosten	
+ Wagnisaufschlag in % der Selbstkosten	
+ Gewinnaufschlag in % der Selbstkosten	
= Verkaufspreis der zahntechnischen Leistung	
+ Verkaufsmaterial (Edelmetall, Zähne und Hilfsteile)	________
= Nettopreis	
+ % Mehrwertsteuer	
= Bruttopreis	

Zuschlag für kalkulatorische Kosten

$$\frac{\text{Kalkulatorische Kosten} \cdot 100}{\text{Fertigungslöhne}} = \%$$

Die für die Errechnung der Zuschläge notwendigen Zahlen können dem Kostenabrechnungsbogen auf der nächsten Seite entnommen werden. Die schrittweise Einrechnung der anteiligen Gemeinkosten über Gemeinkostenzuschlagsätze zu den Selbstkosten nennt man auch Kostenträgerstückrechnung. Sie ist Grundlage für die Kalkulation des Verkaufspreises, wenn kein einheitlicher Marktpreis existiert und Entscheidungshilfe bei der Annahme von Aufträgen zu festen Marktpreisen. In der Regel wird ein Auftrag nur dann angenommen, wenn der Preis wenigstens die Selbstkosten deckt. Die Zahlen aus dem Kostenabrechnungsbogen füllen die Formeln mit Leben.

siehe Seite 73

Lohngemeinkostenzuschlag

$$\frac{2{,}31\,\% + 8{,}99\,\% + 6{,}76\,\% \cdot 100}{29{,}51\,\%} = 61{,}2\,\%$$

Fertigungsverbrauchsmaterialzuschlag

$$\frac{5{,}77\,\% \cdot 100}{29{,}51\,\%} = 19{,}6\,\%$$

Gemeinkostenzuschlag

$$\frac{3{,}48\,\% + 3{,}54\,\% + 2{,}32\,\% + 4{,}2\,\% \cdot 100}{29{,}51\,\%} = 45{,}9\,\%$$

Zuschläge für kalkulatorische Kosten

$$\frac{16{,}14\,\% \cdot 100}{29{,}51\,\%} = 54{,}7\,\%$$

Kostenabrechnungsbogen

Name: Klöppelmann & Röhrig Zahntechnik GmbH Datum: 2005

Kostenarten	%	€
1. *Materialkosten*		
Verbrauchsmaterial	**5,77**	________
Verkaufsmaterial	**16,98**	________
2. *Personalkosten*		
Fertigungslöhne	**29,51**	________
Gehälter	**8,99**	________
Gemeinkostenlöhne	**2,31**	________
Sozialkostenzuschlag	**6,76**	________
3. *Raumkosten*		
Miete	**2,56**	________
Energie	**0,76**	________
Instandhaltung	**0,16**	________
4. *Kalkulatorische Kosten*		
Kalkulatorische Abschreibung	**10,39**	________
Kalkulatorische Zinsen	**0,21**	________
Kalkulatorische Miete	**0,00**	________
Kalkulatorischer Unternehmerlohn	**5,54**	________
5. *Steuern/Gebühren/Beiträge/Zinsen*	**3,54**	________
6. *Fahrzeuge/Werbekosten/Reparaturen/GWG*	**2,32**	________
7. *Bürokosten/Porto/Telefon/Leasing/sonstige Kosten*	**4,20**	________
Summe Koste	**100,00**	________

Zuschlagskalkulation für zahntechnische Leistungen

Fertigungslohn

(Arbeitszeiterfassung x Bruttostundenlohn) **€ 25,06**

+ Lohngemeinkostenzuschlag
(61,2 % des Fertigungslohns) ____________
+ Fertigungsverbrauchsmaterial
(19,6 % des Fertigungslohns) ____________
+ Gemeinkostenzuschlag
(45,9 % des Fertigungslohns) ____________

= Herstellungskosten

+ kalkulatorische Kosten
(54,7 % des Fertigungslohns) ____________

= Selbstkosten

+ Wagnisaufschlag in % der Selbstkosten
+ Gewinnaufschlag in % der Selbstkosten

= Verkaufspreis der zahntechnischen Leistung

+ Verkaufsmaterial (Edelmetall, Zähne und Hilfsteile) ____________

= Nettopreis

+ % Mehrwertsteuer

= Bruttopreis

In der Zuschlagskalkulation ergibt sich nun das auf Seite 74 dargestellte Bild: Siehe Seite 74

9.4 Berechnung der Selbstkosten

Durch die Berechnung der Zuschlagssätze bzw. des prozentualen Anteils der Lohngemeinkosten und des Fertigungsverbrauchsmaterials sowie der Gemeinkosten und der kalkulatorischen Kosten am Fertigungslohn der zahntechnischen Leistung, können nun die Selbstkosten berechnet werden.

Lohngemeinkostenzuschlag in Euro:

$$\frac{25{,}06\ € \cdot 61{,}2\ \%}{100\ \%} = 15{,}34\ €$$

Fertigungsverbrauchsmaterial in Euro:

$$\frac{25{,}06\ € \cdot 19{,}6\ \%}{100\ \%} = 4{,}91\ €$$

Gemeinkosten in Euro:

$$\frac{25{,}06\ € \cdot 45{,}9\ \%}{100\ \%} = 11{,}50\ €$$

Kalkulatorische Kosten in Euro:

$$\frac{25{,}06\ € \cdot 54{,}7\ \%}{100\ \%} = 13{,}71\ €$$

Das Ergebnis der Summe der Selbstkosten ist auf der nächsten Seite in unserer Zuschlagskalkulation abzulesen. Siehe Seite 76

Zuschlagskalkulation für zahntechnische Leistungen

Fertigungslohn	
(Arbeitszeiterfassung x Bruttostundenlohn)	€ 25,06
+ Lohngemeinkostenzuschlag	
(61,2 % des Fertigungslohns)	15,34
+ Fertigungsverbrauchsmaterial	
(19,6 % des Fertigungslohns)	4,91
+ Gemeinkostenzuschlag	
(45,9 % des Fertigungslohns)	11,50
= *Herstellungskosten*	56,81
+ kalkulatorische Kosten	
(54,7 % des Fertigungslohns)	13,71
= *Selbstkosten*	70,52
+ Wagnisaufschlag in % der Selbstkosten	
+ Gewinnaufschlag in % der Selbstkosten	
= *Verkaufspreis der zahntechnischen Leistung*	
+ Verkaufsmaterial (Edelmetall, Zähne und Hilfsteile)	
= *Nettopreis*	
+ % Mehrwertsteuer	
= *Bruttopreis*	

9.5 Wagnis- und Gewinnaufschlag

Die Übernahme des Betriebs- bzw. Marktrisikos muss in der Kalkulation berücksichtigt und erfasst werden. Jede unternehmerische oder betriebliche Tätigkeit kann Schadensfälle beinhalten und zu Verlusten führen. Sie ist mit Wagnissen und Risiken verbunden. Jede Reklamation einer zahntechnischen Arbeit oder Fehler im Arbeitsablauf, wie z. B. ein Fehlguss, führen zu Gewinnausfällen und Verlusten. Diese Verluste lassen sich in ihrer Höhe und hinsichtlich ihres zeitlichen Eintretens nicht vorhersehen.

Im Bereich der Wagnisse unterscheiden wir zwischen dem allgemeinen Unternehmerwagnis und den Einzelwagnissen. Zu den Unternehmerwagnissen zählen Verluste, die sich aus der gesamtwirtschaftlichen Entwicklung der Firma ergeben, wie z. B. Auftragsverschiebungen, Beschäftigungsrückgang oder Verlust von Kunden. Diese Unternehmerrisiken werden mit dem Gewinnaufschlag abgegolten. Der in den Erlösen dem Betrieb zufließende Gewinn soll es dem Betrieb ermöglichen, Reserven zu bilden und zu Rationalisierungsinvestitionen oder Betriebsvergrößerungen zur Sicherung des Unternehmens dienen.

Einzelwagnisse stehen in unmittelbarem Zusammenhang mit der Herstellung eines Zahnersatzes. Als Einzelwagnisse sind zu nennen:

- Fertigungswagnis:
  Mehrkosten aufgrund von Nacharbeit, Arbeits- oder Materialfehlern.
- Gewährleistungswagnis:
  Garantieleistungen, z. B. kostenlose Ersatzlieferungen oder Kulanzarbeiten.
- Beständewagnis:
  Verluste an Material durch Verderb, Veraltern oder Preissenkungen.
- Anlagewagnis:
  Verluste durch Ausfall von Maschinen.

Die Höhe des Wagniszuschlagsatzes richtet sich nach entsprechenden Erfahrungswerten. Die Höhe des Aufschlags kann entweder für alle Leistungen gleich sein oder je nach Risiko von Leistung zu Leistung differieren. Im Zahntechnikerhandwerk erscheint mir die Arbeit mit gleichen Aufschlagsätzen für alle Leistungen am sichersten, da dort als Einzelwagnis das Gewährleistungswagnis den bei weitem größten Verlustbereich darstellt. Daher ist es äußerst wichtig, jegliche Gewährleistungs- bzw. Kulanzarbeit kostenmäßig genau zu erfassen, um einen möglichst sicheren Ansatz für den Wagniszuschlagssatz zu erhalten.

Beispiel

Ermittlung des kalkulatorischen Wagniszuschlags:
Die Zahlen der Buchhaltung bzw. des Jahresabschlusses ergaben für das Vorjahr eine Leistungserbringung durch die Mitarbeiter des Betriebs von 800.000 Euro. Buchhalterisch erfasst wurden Verluste durch Gewährleistungs- bzw. Kulanzarbeiten in Höhe von 24.000 Euro.

Formel

$$\text{Kalkulatorischer Wagnisaufschlag} = \frac{\text{Verluste} \cdot 100}{\text{Leistungserbringung}}$$

$$\frac{24.000\ € \cdot 100\ \%}{800.000\ €} = 3\ \%$$

Somit beträgt der Wagnisaufschlag in unserer Zuschlagskalkulation für unseren Musterbetrieb Klöppelmann & Röhrig GmbH drei Prozent der Selbstkosten.

Die Höhe des Gewinnzuschlags hängt von einer Reihe von Faktoren ab. Er ist abhängig von der allgemeinen Wirtschaftslage (in Zeiten der Hochkonjunktur kann mehr verdient werden), von den örtlichen Konkurrenzverhältnissen und der Wettbewerbssituation innerhalb des Handwerkszweigs. Auch die Kostensituation des einzelnen Betriebs darf nicht außer Acht gelassen werden. Ein Betrieb, der wirtschaftlich arbeitet und im Verhältnis zur Konkurrenz niedrige Kosten hat, kann einen höheren Gewinnzuschlag verrechnen und trotzdem noch einen günstigen Marktpreis erzielen. Zwischen 20 % und 30 % Gewinnzuschlag sind meiner Meinung nach für einen Handwerksbetrieb gerechtfertigt, da unternehmerischer Einsatz auch eine gewisse Rendite erwirtschaften sollte. Das Ergebnis der Zuschlagskalkulation für den Verkaufspreis der zahntechnischen Leistung kann auf der nächsten Seite nachvollzogen werden.

Verkaufspreis + Verkaufsmaterial + Mehrwertsteuer = Bruttopreis. **Formel**

Die in unserem virtuellen Musterbetrieb Klöppelmann & Röhrig GmbH von der Zahntechnikerin Heidi Glücklich gefertigte „Mehrflächige Verblendung aus Keramik" muss einen Verkaufspreis von 90,25 Euro erzielen, um das Wagnis abzudecken und den gewünschten Gewinn zu erwirtschaften. Die 95 Minuten, die als Vorgabezeit den Berechnungen zugrunde liegen, erscheinen mir ausreichend, um eine qualitativ hochwertige Leistung, die dem heutigen Stand der Zahntechnik entspricht, zu erbringen. Es sind aber noch mehr Mitarbeiter im Betrieb, die keramische Verblendungen anfertigen können. **Siehe Seite 80**

Zuschlagskalkulation für zahntechnische Leistungen

Fertigungslohn	
(Arbeitszeiterfassung x Bruttostundenlohn)	€ **25,06**
+ Lohngemeinkostenzuschlag	
(61,2 % des Fertigungslohns)	**15,34**
+ Fertigungsverbrauchsmaterial	
(19,6 % des Fertigungslohns)	**4,91**
+ Gemeinkostenzuschlag	
(45,9 % des Fertigungslohns)	**11,50**
= *Herstellungskosten*	**56,81**
+ kalkulatorische Kosten	
(54,7 % des Fertigungslohns)	**13,71**
= *Selbstkosten*	**70,52**
+ Wagnisaufschlag in % der Selbstkosten 3 %	**2,12**
+ Gewinnaufschlag in % der Selbstkosten 25%	**17,63**
= *Verkaufspreis der zahntechnischen Leistung*	**90,27**
+ Verkaufsmaterial (Edelmetall, Zähne und Hilfsteile)	______
= *Nettopreis*	
+ 7 % Mehrwertsteuer	**6,32**
= *Bruttopreis*	**96,59**

10 Die Kalkulationsbasis

Es ist nicht immer nur ein Mitarbeiter oder eine Mitarbeiterin, die eine bestimmte Arbeit im Betrieb anfertigt. In der Regel werden bestimmte Aufgabengebiete von mehreren Personen abgedeckt bzw. von mitarbeitenden Inhabern erbracht. All diese Leute müssen in die Preiskalkulation des Betriebs mit einbezogen werden. Das unterschiedliche Gehaltsniveau bedingt, dass alle einzeln berechnet werden müssen. Das heißt, für jeden muss die spezielle Kostenminute ermittelt und die individuelle Kalkulationsbasis festgelegt werden.

10.1 Die Kostenminute

Die Kostenminute jedes einzelnen Produktionsmitglieds ist von elementarer Bedeutung für den Betrieb. Sie ist Grundlage zur Ermittlung der Kalkulationsbasis des Betriebs und damit für die Kostenkontrolle, die Personalplanung und die Erstellung einer betriebsspezifischen Preisliste unbedingt notwendig. Da hier sehr viele wiederkehrende Berechnungen notwendig sind, sollte der Weg so kurz wie möglich gehalten werden. Der kürzeste Weg führt über eine speziell für die Zahntechnik entwickelte Software. Ist diese nicht vorhanden, muss der Rechenweg von Hand mit Hilfe eines Taschenrechners gewählt werden. Wenn keine Veränderungen in der Kostenstruktur des Betriebs festgestellt werden, bleiben die Zuschlagssätze für jede weitere Berechnung auf Basis des Kostenabrechnungsbogens gleich. Dies erleichtert die Arbeit sehr, macht es jedoch notwendig, auf jede auch noch so kleine Veränderung mit erneuten Berechnungen zu reagieren. Zur Ermittlung der Kostenminute bei verschiedenen Bruttolöhnen, können die Zuschlagssätze, wie auf der nächsten Seite dargestellt, zusammengefasst werden. Dies ermöglicht eine komplexere Berechnung.

Zuschlagskalkulation für zahntechnische Leistungen

Fertigungslohn

(Arbeitszeiterfassung x Bruttostundenlohn) **100 % €** ________

+ Lohngemeinkostenzuschlag
(61,2 % des Fertigungslohns) ________
+ Lohngemeinkostenzuschlag
+ Fertigungsverbrauchsmaterial
(19,6 % des Fertigungslohns) ________
+ Lohngemeinkostenzuschlag **181,4 %**
+ Gemeinkostenzuschlag
(45,9 % des Fertigungslohns)

= Herstellungskosten

+ kalkulatorische Kosten
(54,7 % des Fertigungslohns) ________

= Selbstkosten **281,4 %**

+ Wagnisaufschlag in % der Selbstkosten 3 % ________
+ Gewinnaufschlag in % der Selbstkosten 25% ________

= Verkaufspreis der zahntechnischen Leistung

+ Verkaufsmaterial (Edelmetall, Zähne und Hilfsteile) ________

= Nettopreis

+ % Mehrwertsteuer ________

= Bruttopreis

Die Kostenminute entsteht durch die Verrechnung der Zuschlagssätze auf den Fertigungslohn. Die Kostenminute einer produzierenden Kraft stellt den Teil des Erlöses für eine erbrachte Leistung dar, in dem alle Kosten für die Leistungserbringung abgedeckt sind, das Unternehmen aber noch keinen Gewinn erwirtschaftet hat. Die Kostenminute entspricht somit den Selbstkosten in unserer Zuschlagskalkulation. In unserem Musterbetrieb Klöppelmann & Röhrig GmbH muss die Kostenminute für nachfolgende Personen (siehe Kapitel acht) berechnet werden:

Zahntechnikermeister Heinz Klöppelmann
Zahntechnikermeister Max Röhrig
Zahntechnikerin Heidi Glücklich
Zahntechnikerin Carola Pöttermann
Zahntechnikerin Silke Meierlein
Zahntechnikerin Monika Fröhlich
Zahntechniker Justus Ganselheimer
Zahntechnische Assistentin Hilde Herzlich

Für die Mitarbeiter Doris Bangemann, Heinz Schnell, Paula Sorgfalt und Daniel Düse brauchen keine Berechnungen durchgeführt werden, da sie gehaltsmäßig nicht in den Fertigungslöhnen auftauchen.

Zur Vereinfachung der Berechnung gehen wir davon aus, dass alle Mitarbeiter die gleiche Arbeitszeit haben und den gleichen Urlaub bekommen. Unterschiedliche Parameter würden größere Berechnungen notwendig machen.

Nachfolgende Parameter liegen fest:

Arbeitsstunden pro Monat = 145,33 Std. (siehe Seite 69)
Arbeitszeit in Minuten = 1 Min.
Zuschläge gesamt = 281,4 %

Somit ergeben sich folgende Berechnungen:

Formel $$\frac{\text{Bruttolohn}}{\text{Stunden pro Monat}} = \text{Stundenlohn}$$

Formel $$\frac{\text{Bruttostundenlohn} \cdot \text{Arbeitszeit in Minuten}}{60\ \text{Min.}} = \text{Fertigungslohn}$$

Formel $$\frac{\text{Fertigungslohn} \cdot \text{Zuschläge}}{100\ \%} = \text{Kostenminute}$$

Zahntechnikermeister Heinz Klöppelmann – Bruttolohn 1750 Euro

Zahntechnikermeister Max Röhrig – Bruttolohn 1750 Euro

$$\frac{1750\ €}{145{,}33\ \text{Std.}} = 12{,}04\ €/\text{Std.}$$

$$\frac{12{,}04\ € \cdot 1\ \text{Min.}}{60\ \text{Min.}} = 0{,}20\ €/\text{Min.}$$

$$\frac{0{,}20\ € \cdot 281{,}4\ \%}{100\ \%} = 0{,}56\ €/\text{Min.} = \text{Kostenminute}$$

Zahntechnikerin Heidi Glücklich – Bruttolohn 2300 Euro

$$\frac{2300\ €}{145{,}33\ \text{Std.}} = 15{,}83\ €/\text{Std.}$$

$$\frac{15{,}83\ € \cdot 1\ \text{Min.}}{60\ \text{Min.}} = 0{,}26\ €/\text{Min.}$$

$$\frac{0{,}26\ € \cdot 281{,}4\ \%}{100\ \%} = 0{,}73\ €/\text{Min.} = \text{Kostenminute}$$

Wir können die Berechnung etwas verkürzen, wenn wir wie folgt vorgehen:

1750 € = 0,56 € / Min.
2300 € = x

$$\frac{0{,}56\ €/\text{Min.} \cdot 2300\ €}{1750\ €} = 0{,}74\ €/\text{Min.} = \text{Kostenminute}$$

So lassen sich die Berechnungen für die restlichen Mitarbeiter vereinfachen. Ein kleines Risiko liegt allerdings in der Genauigkeit der Berechnung durch Abweichungen beim Auf- bzw. Abrunden. Die Größenordnung liegt im Bereich von einem Cent und kann deshalb vernachlässigt werden.

Zahntechnikerin Carola Pöttermann – Bruttolohn 1800 €
1750 € = 0,56 € / Min.
1800 € = x

$$\frac{0{,}56\ €/\text{Min.} \cdot 1800\ €}{1750\ €} = 0{,}58\ €/\text{Min.} = \text{Kostenminute}$$

Zahntechnikerin Silke Meierlein – Bruttolohn 2000 €
1750 € = 0,56 € / Min.
2000 € = x

$$\frac{0{,}56\ €/\text{Min.} \cdot 2000\ €}{1750\ €} = 0{,}64\ €/\text{Min.} = \text{Kostenminute}$$

Zahntechnikerin Monika Fröhlich – Bruttolohn 1200 €
1750 € = 0,56 € / Min.
1200 € = x

$$\frac{0{,}56\ €/\text{Min.} \cdot 1200\ €}{1750\ €} = 0{,}38\ €/\text{Min.} = \text{Kostenminute}$$

Zahntechniker Justus Ganselheimer – Bruttolohn 1500 €

1750 € = 0,56 €/Min.

1500 € = x

$$\frac{0{,}56\ €/\text{Min.} \cdot 1500\ €}{1750\ €} = 0{,}48\ €/\text{Min.} = \text{Kostenminute}$$

Zahntechnische Assistentin Hilde Herzlich – Bruttolohn 1200 €

1750 € = 0,56 €/Min.

1200 € = x

$$\frac{0{,}56\ €/\text{Min.} \cdot 1200\ €}{1750\ €} = 0{,}38\ €/\text{Min.} = \text{Kostenminute}$$

Daraus ergibt sich folgendes Bild für die Kostenminute:

Zahntechnikermeister Heinz Klöppelmann	= 0,56 Euro/Min.
Zahntechnikermeister Max Röhrig	= 0,56 Euro/Min.
Zahntechnikerin Heidi Glücklich	= 0,73 Euro/Min.
Zahntechnikerin Carola Pöttermann	= 0,58 Euro/Min.
Zahntechnikerin Silke Meierlein	= 0,64 Euro/Min.
Zahntechnikerin Monika Fröhlich	= 0,38 Euro/Min.
Zahntechniker Justus Ganselheimer	= 0,48 Euro/Min.
Zahntechnische Assistentin Hilde Herzlich	= 0,38 Euro/Min.

Somit ist die Kostenminute für alle in der Fertigung tätigen Personen berechnet. Die durchschnittliche Kostenminute unseres Betriebs liegt bei 0,55 Euro. Schon hier fällt auf, dass mehr als die Hälfte der berechneten Personen mit ihrer Kostenminute teilweise deutlich über dem Betriebsdurchschnitt liegen. Mit einer betrieblichen Kostenminute zu kalkulieren kann unter diesem Gesichtspunkt nicht sinnvoll sein. Wir müssen hier immer noch den Einzelnen oder, in größeren Betrieben, zumindest die Abteilung sehen.

10.2 Die Kalkulationsminute

Die Kalkulationsminute eines jeden Produktionsmitglieds entspricht dem Verkaufspreis der zahntechnischen Leistung in unserer Zuschlagskalkulation. Das heißt, es sind auf Grundlage der Kostenminute die notwendigen Wagnis- und Gewinnaufschläge hinzuzurechnen, um die Kalkulationsminute zu erhalten. Sie ist die Kalkulationsbasis zur Berechnung der Privatpreisliste und Eckpfeiler für vielfältige Berechnungen in der Personalplanung und Unternehmensführung. Die Kenntnis dieser Kalkulationsbasis gibt die notwendige Sicherheit für wichtige Entscheidungen, die die Unternehmer im Zahntechnikerhandwerk treffen müssen.

Das Schema auf der nächsten Seite ist eine vereinfachte Darstellung dieses Bereichs der Kalkulation und dient als Hilfe.

Siehe Seite 88

Somit ergibt sich folgende Berechnung:

Formel

$$\frac{\text{Kostenminute} \cdot \text{Zuschläge}}{100\,\%} = \text{Kalkulationsminute bzw. Kalkulationsbasis}$$

Zahntechnikermeister Heinz Klöppelmann = 0,56 €/Min.
Zahntechnikermeister Max Röhrig = 0,56 €/Min.

$$\frac{0{,}56\ \text{€/Min.} \cdot 128\,\%}{100\,\%} = 0{,}72\ \text{€/Min.}$$

Zahntechnikerin Heidi Glücklich = 0,73 €/Min.

$$\frac{0{,}73\ \text{€/Min.} \cdot 128\,\%}{100\,\%} = 0{,}93\ \text{€/Min.}$$

Zahntechnikerin Carola Pöttermann = 0,58 €/Min.

$$\frac{0{,}58\ \text{€/Min.} \cdot 128\,\%}{100\,\%} = 0{,}74\ \text{€/Min.}$$

Zuschlagskalkulation für zahntechnische Leistungen

Fertigungslohn

(Arbeitszeiterfassung x Bruttostundenlohn) € ___________

+ Lohngemeinkostenzuschlag
(61,2 % des Fertigungslohns) ___________

+ Fertigungsverbrauchsmaterial
(19,6 % des Fertigungslohns) ___________

+ Gemeinkostenzuschlag
(45,9 % des Fertigungslohns) ___________

= Herstellungskosten

+ kalkulatorische Kosten
(54,7 % des Fertigungslohns) ___________

= Selbstkosten **100 %**

+ Wagnisaufschlag in % der Selbstkosten 3 % → **28 %**
+ Gewinnaufschlag in % der Selbstkosten 25% → ___________

= Verkaufspreis der zahntechnischen Leistung 128 %

+ Verkaufsmaterial (Edelmetall, Zähne und Hilfsteile) ___________

= Nettopreis

+ % Mehrwertsteuer ___________

= Bruttopreis

Zahntechnikerin Silke Meierlein = 0,64 €/Min.

$$\frac{0{,}64\ €/\text{Min.} \cdot 128\ \%}{100\ \%} = 0{,}82\ €/\text{Min.}$$

Zahntechniker Justus Ganselheimer = 0,48 €/Min.

$$\frac{0{,}48\ €/\text{Min.} \cdot 128\ \%}{100\ \%} = 0{,}61\ €/\text{Min.}$$

Zahntechnikerin Monika Fröhlich = 0,38 €/Min.

Zahntechnische Assistentin Hilde Herzlich = 0,38 €/Min.

$$\frac{0{,}38\ €/\text{Min.} \cdot 128\ \%}{100\ \%} = 0{,}49\ €/\text{Min.}$$

Daraus ergibt sich folgendes Bild für die Kalkulationsminute:

Zahntechnikermeister Heinz Klöppelmann	= 0,72 Euro / Min.
Zahntechnikermeister Max Röhrig	= 0,72 Euro / Min.
Zahntechnikerin Heidi Glücklich	= 0,93 Euro / Min.
Zahntechnikerin Carola Pöttermann	= 0,74 Euro / Min.
Zahntechnikerin Silke Meierlein	= 0,82 Euro / Min.
Zahntechnikerin Monika Fröhlich	= 0,49 Euro / Min.
Zahntechniker Justus Ganselheimer	= 0,61 Euro / Min.
Zahntechnische Assistentin Hilde Herzlich	= 0,49 Euro / Min.

Merksatz

Die Kalkulationsminute bzw. Kalkulationsbasis entspricht dem Verkaufspreis der zahntechnischen Leistung in unserer Zuschlagskalkulation. In diesem Punkt sind alle entstandenen Kosten und Risiken abgedeckt und der geplante Gewinn wird erzielt.

11 Risiko Mischkalkulation

Ich habe schon in den vorherigen Kapiteln kurz auf das Risiko einer Mischkalkulation im Zahntechnikerhandwerk hingewiesen. Wenn wir den Betrieb Klöppelmann & Röhrig betrachten, so hatten wir schon bei der Kostenminute eine Verschiebung des Schwerpunkts in die obere Hälfte festgestellt. Je nach Lohnniveau eines Betriebs kann diese Verschiebung auch noch deutlicher ausfallen. Die durchschnittliche Kalkulationsbasis unseres Musterbetriebs liegt bei 0,69 Euro. Hätten wir diesen Wert bei der Berechnung der BEB-Position 2612 zugrunde gelegt, müssten wir uns folgende Gedanken machen:

Kalkulationsbasis: 0,69 € / Min.

Zeitvorgabe: 95 Min.

0,69 € / Min. · 95 Min. = 65,55 €

Das Labor könnte hier sicherlich einen günstigen Preis am Markt anbieten. Aber was passiert mit der Technikerin Heidi Glücklich? Wie soll sie zu diesem Preis wirtschaftlich arbeiten? Wir könnten folgende Überlegung anstellen:

Preisvorgabe: 65,55 €

Kalkulationsbasis: 0,93 € / Min.

65,55 € : 0,93 € / Min. = 70

Die Zeitvorgabe für Heidi Glücklich würde sich von 95 Minuten auf 70 Minuten verkürzen. Das wäre eine Kürzung um rund 26 %. Möglich? Sinnvoll?

Möglich ist es wahrscheinlich, aber sinnvoll mit Sicherheit nicht. Wir hatten für Heidi Glücklich die Position mit 90,25 Euro berechnet. Wenn wir davon ausgehen, dass diese Summe dem Preis entspricht, den wir im Wettbewerb erzielen können, wäre es unternehmerisch unsinnig diesen Preis um 26 % zu unterschreiten.

Wie sehen die Zahlen bei den anderen Keramikern aus?

Zahntechnikermeister Heinz Klöppelmann
Zahntechnikermeister Max Röhrig
Preisvorgabe: 65,55 €
Kalkulationsbasis: 0,72 €/Min.

65,55 € : 0,72 €/Min. = 91 Min.
Zeitvorgabe = 91 Minuten

Zahntechnikerin Carola Pöttermann
Preisvorgabe: 65,55 €
Kalkulationsbasis: 0,74 €/Min.

65,55 € : 0,74 €/Min. = 89 Min.
Zeitvorgabe = 89 Minuten

Bei diesen Personen passt das Verhältnis scheinbar. Aber wie sieht es aus, wenn wir den Durchschnitt aller vier Mitarbeiter zugrunde legen?

Zahntechnikermeister Heinz Klöppelmann	= 0,72 €/Min.
Zahntechnikermeister Max Röhrig	= 0,72 €/Min.
Zahntechnikerin Heidi Glücklich	= 0,93 €/Min.
Zahntechnikerin Carola Pöttermann	= 0,74 €/Min.
	3,11 €/Min.

3,11 €/Min. : 4 = 0,78 €/Min.
Preisvorgabe: 65,55 €
Kalkulationsbasis: 0,78 €/Min.

65,55 € : 0,78 €/Min. = 84 Min.
Zeitvorgabe = 84 Minuten

Diese 84 Minuten Zeitvorgabe könnten akzeptiert werden, besser wäre aber sicherlich:

Kalkulationsbasis: 0,78 €/Min.
Zeitvorgabe: 95 Min.

0,78 €/Min. · 95 Min. = 74,10 €

Einen gegebenenfalls zu erzielenden Preis von 74,10 Euro zu verlangen ist besser, als die Position für 65,55 Euro anzubieten und dann die Zeit für diese Position kürzen zu müssen. Sollten sich 90,27 Euro am Markt realisieren lassen, dann sollte dieser Preis auch gefordert werden, denn wer hat schon etwas zu verschenken. Es ist im Gegenteil positiv festzuhalten, dass ein Mehr an Zeit für die Arbeit auch mehr Lebens- und Arbeitsqualität bedeutet.

Zahntechnikermeister Heinz Klöppelmann
Zahntechnikermeister Max Röhrig
Preisvorgabe: 90,27 €
Kalkulationsbasis: 0,72 €/Min.

90,27 € : 0,72 €/Min. = 125 Min.
Zeitvorgabe = 125 Minuten

Zahntechnikerin Carola Pöttermann
Preisvorgabe: 90,27 €
Kalkulationsbasis: 0,74 €/Min.

90,27 € : 0,74 €/Min. = 122 Min.
Zeitvorgabe = 122 Minuten

Wie Sie sehen, ist eine ganze Anzahl von Gesichtspunkten zu berücksichtigen. Es birgt doch einige Risiken oder kann zumindest mit einigen Nachteilen verbunden sein, wenn in der Kalkulation die durchschnittliche Betriebs- oder Abteilungskalkulationsbasis die Basis bilden. Dies muss durchaus nicht immer so sein, es sollte jedoch bei der Berechnung der Privatpreisliste berücksichtigt werden. Größere Auswirkungen hat die Mischkalkulation sicherlich in anderen Bereichen.

Im Edelmetall- und Keramikbereich lassen sich aufgrund ihres Stellenwerts innerhalb der Zahntechnik teilweise sehr gute Erlöse erzielen. Dies führt zu einer relativ guten Entlohnung (was die Zahntechnik angeht) der Arbeitskräfte in diesem Bereich. In der Arbeitsvorbereitung sieht es ganz anders aus. Hier lassen sich nur geringe Erlöse (siehe BEL 2) erwirtschaften und dementsprechend werden hier die Löhne möglichst gering gehalten. Nehmen wir als Beispiel einmal das ganz normale Hartgipsmodell (BEB-Position 0001). Mit der Zeitbemessung dieser Position hatten wir uns schon in Kapitel 6 beschäftigt, wobei sich folgende Berechnung ergab:

$$\frac{8\text{ Min.} \cdot 125\,\%}{100\,\%} = 10\text{ Min.}$$

Zeitvorgabe = 10 Minuten

Zahntechnische Assistentin Hilde Herzlich
Kalkulationsbasis = 0,49 €/Min.
Zeitvorgabe = 10 Minuten
0,49 €/Min. · 10 Min. = 4,90 €

Kalkulierter Preis = 4,90 €

Hier ist zu sehen, dass wir 4,90 Euro für die Position 0001 in Rechnung stellen müssen, damit alle entstandenen Kosten und Risiken abgedeckt sind und der geplante Gewinn erzielt wird, wenn Hilde Herzlich das Modell anfertigt. Bei einer Mischkalkulation ergibt sich ein anderes Bild:

Durchschnittliche Betriebskalkulationsbasis = 0,69 €/Min.
Zeitvorgabe = 10 Minuten
0,69 €/Min. · 10 Min. = 6,90 €

Kalkulierter Preis = 6,90 €

Auf den ersten Blick wirkt sich die Mischkalkulation hier positiv aus. Sie ist aber davon abhängig, ob es tatsächlich gelingt, die sieben Euro als Marktpreis zu erzielen. Lässt sich hier nur ein geringerer Preis realisieren, sollte auch hier von der Mischkalkulation Abstand genommen werden.

Merksatz

Wichtig ist, dass der Markt beobachtet wird, um die Höhe der einzelnen Preise richtig einzuschätzen. Dabei ist es unerlässlich, sich auch die Preisstruktur anderer Mitbewerber anzuschauen, um die eigene Position besser beurteilen zu können. Auch hier kann die Zusammenarbeit in und mit der Innung und dem VDZI nur von Vorteil sein. Hier können Daten neutral gesammelt, ausgewertet, aufbereitet und den Mitgliedsbetrieben zur Verfügung gestellt werden.

12 Der positive Marktpreis

Der Begriff positiver Marktpreis ist sicherlich etwas verwirrend. Der Gedanke, der dahinter steckt, ist jedoch sehr einfach. Wenn es gelingt, einen Marktpreis für zahntechnische Leistungen zu erzielen, der über dem kalkulierten Preis liegt, so ist das in erster Linie positiv. Positiv für den Gewinn und somit auch für den Erfolg des Unternehmens. Es gibt aber noch weitere positive Aspekte, die zu beachten sind, und die ich am Beispiel der Arbeitsvorbereitung näher erläutern möchte.

Anschauungsgrundlage ist die BEB-Position 0001 „Modell aus Hartgips". Die Planzeit für diese Position beträgt inklusive Verteilzeit zehn Minuten. Wenn diese Position in der Privatpreisliste mit acht Euro veranschlagt werden könnte, wären die positiven Aspekte folgende:

12.1 Der Zeitgewinn

Wenn von Gewinn gesprochen wird, ist in erster Linie der finanzielle Gewinn gemeint. Der Gedanke an Zeitgewinn erfolgt meist nur in einem speziellen Zusammenhang. Dabei kann Zeitgewinn durchaus einen größeren Erfolgsfaktor ausmachen, als auf den ersten Blick zu sehen ist.

Zahntechnische Assistentin Hilde Herzlich
Preisvorgabe: 8 €
Kalkulationsbasis: 0,49 €/Min.
8 € : 0,49 €/Min. = 16 Min.
Zeitvorgabe = 10 Minuten
Zeitgewinn = 6 Minuten

Der Zeitgewinn durch den positiven Marktpreis beträgt sechs Minuten oder um es noch deutlicher zu sagen 60 %. Dieses Mehr an Zeit bedeutet nicht, dass Frau Herzlich unbedingt langsamer arbeiten kann, sondern dass mehr Zeit für Qualität und qualitätsverbessernde Maßnahmen zur Verfügung steht. Mehr Ruhe in der Arbeit, verbunden mit einem Plus an Qualität, ist ein deutlicher Gewinn für das Labor.

12.2 Der Flexibilitätsgewinn

Wo ein Preisgewinn und insbesondere ein Zeitgewinn ist, wird in zunehmendem Maß auch die Flexibilität gesteigert. Auch andere Mitarbeiter können dann immer noch kostendeckend und gewinnbringend diese Leistungsposition erfüllen.

Zahntechniker Justus Ganselheimer
Preisvorgabe: 8 €
Kalkulationsbasis: 0,61 €/Min.
8 € : 0,61 €/Min. = 13 Min.
Zeitvorgabe = 13 Minuten

Zahntechnikerin Carola Pöttermann
Preisvorgabe: 8 €
Kalkulationsbasis: 0,74 €/Min.
8 € : 0,74 €/Min. = 11 Min.
Zeitvorgabe = 11 Minuten

Wie dargestellt wird selbst bei den Mitarbeitern Ganselheimer und Pötterman die grundsätzliche Zeitvorgabe von zehn Minuten nicht unterschritten. Beide könnten ohne finanzielle Verluste bei Bedarf in der Arbeitsvorbereitung einspringen. Somit ist eine wesentlich größere Flexibilität innerhalb der Belegschaft des Betriebs gegeben. Auch die beiden Laborinhaber und die Technikerin Monika Fröhlich können auf dieser Basis Gewinn erwirtschaften. Dieser Aspekt der Preiskalkulation darf nicht vernachlässigt werden.

12.3 Der Auslastungsgewinn

Die Kalkulationsminute der produzierenden Kräfte innerhalb der Klöppelmann & Röhrig GmbH ist auf eine 100 %-ige Auslastung ausgelegt. Nur wenn sie so viel produzieren können, dass sie die gestellten Vorgaben erfüllen, geht die Kalkulation auf. Der Betrieb muss durchgehend zu 100 % ausgelastet sein – zumindest im Jahresschnitt – eine geringere Auslastung würde sich negativ auf den Gewinn auswirken. Wenn z. B. die Technikerin Heidi Glücklich die Leistung BEB-Position 2122 „Krone gegossen für Vollverblendung" erbringt, können wir von folgenden Faktoren ausgehen:

Planzeit incl. Verteilzeit = 68 Minuten
Kalkulationsbasis = 0,93 €/Min.
0,93 €/Min. · 68 Min. = 63,24 €

Bei einem Marktpreis von 75 € sieht es etwas anders aus.
Kalkulationsbasis = 0,93 €/Min.
Preisvorgabe = 75 €
75 € : 0,93/Min. = 81 Min.

Der Zeitvorteil beträgt 13 Minuten. Wenn wir unterstellen, dass Frau Glücklich die Leistung in 68 Minuten ausführen kann, haben wir einen Zeitgewinn von 16 %.

Planzeit incl. Verteilzeit = 68 Minuten
Tagessoll = 480 Minuten
480 : 68 = 7 Einheiten pro Tag

Planzeit incl. Verteilzeit = 79 Minuten
Tagessoll = 480 Minuten
480 : 81 = 6 Einheiten pro Tag

Bei einem Preis von 75 Euro für die „Krone gegossen für Vollverblendung" müssen wir die Technikerin nur noch mit sechs Einheiten pro Tag, anstatt sieben Einheiten, versorgen. Pro Jahr sind das immerhin 218 Einheiten, die der Betrieb weniger an Aufträgen für diese Technikerin bekommen könnte, ohne dass finanzielle Verluste zu befürchten sind. In einem Betrieb, der wie beschrieben durch sorgfältige Kalkulation auf Massenproduktion verzichten will und dafür mehr individuelle Arbeiten, die letztlich sogar mehr Geld einbringen, anfertigen kann, herrscht viel mehr Spaß und Freude bei der Anfertigung. Entspanntes Arbeiten bringt Lebensqualität und weniger Stress. Wie in der nachfolgenden Grafik dargestellt, gibt es schon ausreichend Probleme, das über das Jahr hinweg schwankende Auftragsvolumen zeit- und kostendeckend umzusetzen.

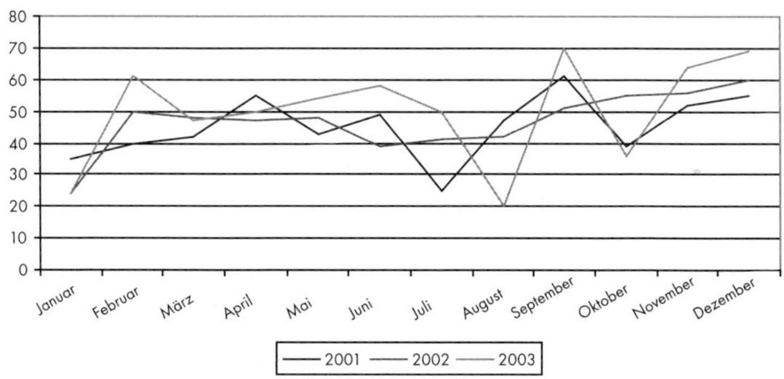

Monatsumsätze Klöppelmann & Röhrig GmbH

Die drei Jahre zeigen auf, wie groß die Umsatzschwankungen in den einzelnen Monaten eines Geschäftsjahrs sein können. Ich habe das hier nicht übertrieben dargestellt, sondern mich an der Realität orientiert. Im Jahr 2001 sehen wir verstärkte Schwankungen in der zweiten Jahreshälfte, welche jedoch von den Umsatzschwankungen im dritten und vierten Quartal 2003 noch übertroffen werden. Lediglich das Jahr 2002 kann als einigermaßen ausgeglichen betrachtet werden. Es sind viele Faktoren, die zu diesen Schwankungen führen und die kaum zu beeinflussen sind. Unterschiedliche Zahnersatznachfrage durch Patienten, großzügige Urlaubsplanung der Kunden, ZE-Budgetierung und verzögerte Heil- und Kostenplangenehmigung durch die Krankenkassen sind Gründe für diese kapriolenartige Auslastung der Betriebe. Die Abhängigkeit vom Umsatz wird umso größer, je enger die Preise kalkuliert sind. Ein Puffer im Preis bringt auch einen Puffer in der Umsatzauslastung. Es muss eventuell nicht mehr jede Arbeit zu jedem Preis gefertigt werden, die Auslastung lässt sich dadurch besser steuern.

13 Der negative Marktpreis

Wenn ich von einem positiven Marktpreis und nicht nur von einem Marktpreis spreche, so existiert auch ein negativer Marktpreis. Mit dem positiven Marktpreis ist der Preis, der – wie in der BEB – selbst kalkuliert werden kann, gemeint. Der negative Marktpreis dagegen schildert den Umstand, in dem das Produkt zu einem vorgegebenen Preis produziert und angeboten werden muss. Diese Situation tritt im Bereich der Abrechnung mit den gesetzlichen Krankenkassen durch die praktizierte BEL 2-Höchstpreisliste auf. Hier muss die Kostenstruktur des Betriebs dem vorgegebenen Preis angepasst werden. In vielen Betrieben macht die Abrechnung nach BEB nur ca. 20 % des Umsatzes aus. Die restlichen 80 % werden mit Arbeiten, welche in der BEL 2 abgerechnet werden, erwirtschaftet. Das heißt, hier ist nicht die Qualifikation der Mitarbeiter und die Qualität der Arbeiten das Kriterium für die Preisfindung, sondern der Preis ist das Kriterium für Qualität und Qualifikation der Mitarbeiter.

Nehmen wir als Beispiel die Position 1021 „Vollkrone Metall". Diese Position wird mit 65 Euro in der BEL 2-Liste für den Innungsbereich der NZI vergütet.

Wenn diese Gusskrone von der Zahntechnikerin Carola Pöttermann angefertigt wird, können wir folgendes feststellen:

Kalkulationsbasis = 0,74 €/Min.

Preisvorgabe = 65 €

65 € : 0,74 €/Min. = 88 Min.

Die Planzeit, inclusive Verteilzeit, für diese Position beträgt für die Zahntechnikerin Carola Pöttermann bei einem Bruttolohn von 1800 € 88 Minuten.

Zahntechnikerin Heidi Glücklich – 2300 Bruttolohn

Kalkulationsbasis = 0,93 €/Min.

Preisvorgabe = 65 €

65 € : 0,93 €/Min. = 70 Min.

Die Planzeit für die Zahntechnikerin Heidi Glücklich beträgt dagegen 70 Minuten.

Die Zahntechnikerin Heidi Glücklich hat aufgrund ihres um 500 Euro höheren Gehalts gegenüber der Zahntechnikerin Carola Püttermann 18 Minuten weniger Zeit für die Herstellung einer Gusskrone.

88 Minuten erscheinen ausreichend für die Herstellung einer Gusskrone. Bei 70 Minuten wird es schon etwas eng. Was geschieht mit der Qualität? Wird diese bei weniger Zeit heruntergestuft? Ich glaube kaum. Gerade von den besser verdienenden Mitarbeitern wird aufgrund ihrer Qualifikation eher eine noch höhere Qualität erwartet. Der vorgegebene Preis allerdings bereitet gewisse Probleme, wobei der Bereich Edelmetall noch einer der besser bezahlten Bereiche innerhalb der BEL 2 ist. Schwieriger wird es, wenn die Kunststoffprothetik betroffen ist. Dies soll an einem Beispiel verdeutlicht werden.

Auf - und Fertigstellung einer totalen Prothese

3010 Aufstellung Grundeinheit	1 · 28,08 €	= 28,08 €
3020 Aufstellung Wachs je Zahn	14 · 1,33 €	= 18,62 €
3610 Fertigstellung Grundeinheit	1 · 44,89 €	= 44,89 €
3620 Fertigstellung je Zahn	14 · 2,56 €	= 35,84 €
		127,43 €

Zahntechnikerin Silke Meierlein – Kalkulationsbasis = 0,82 €/Min.

Kalkulationsbasis = 0,82 €/Min.

Preisvorgabe = 127,43 €

127,43 € : 0,82 €/Min. = 155 Min.

Die Planzeit, incl. Verteilzeit für diese Position beträgt für die Zahntechnikerin Silke Meierlein bei einem Bruttolohn von 2000 Euro 155 Minuten. Sie hat also 2,6 Stunden Zeit für die Auf- und Fertigstellung einer totalen Prothese. Das nenne ich Massenproduktion. Hier ist keine Zeit mehr für individuelles Arbeiten. Ein materialtechnisch hochwertiges Fertigstellungssystem rechnet sich wegen des Aufwands hier nicht mehr. Außerdem ist zu berücksichtigen, dass die Berechnungen immer von einer 100 %-igen Auslastung ausgehen. Auch der unterschiedliche Auftragsanfall ist ein nicht zu vernachlässigender Faktor. Allein die kurzfristig zu erledigenden Reparaturen stören den Arbeitsrhythmus erheblich. Die Unterfütterung in 54 Minuten und die Bruchreparatur in 27 Minuten (rechnen sie mal nach). Alles unter Zeitdruck mit einem Lohnspielraum nach oben, der eigentlich nicht gegeben ist. Jeder Euro, der mehr gezahlt wird, verkürzt die individuelle Zeitvorgabe.

Nehmen wir den Techniker Justus Ganselheimer. Wenn er eine Metallbasis fertigt, wirkt sich das für ihn so aus:

Position 2010 „Metallbasis" = 108,92 €
Kalkulationsbasis = 0,61 €/Min.
Preisvorgabe = 108,92 €
108,92 € : 0,61 €/Min. = 179 Min.

Drei Stunden hat J. Ganselheimer Zeit, um die Metallbasis herzustellen. An diesem Punkt sieht es noch gut für ihn aus. Er verdient aber auch erst 1500 Euro. Er ist talentiert und ehrgeizig, möchte weiter kommen, auch gehaltsmäßig. Der Betrieb will so eine entwicklungsfähige Kraft nicht verlieren und ihm eine Perspektive bieten. Erhielte er unter den heutigen Gesichtspunkten allerdings ein Gehalt von 2000 Euro, müsste seine Arbeitswelt drastisch verändert werden.

Position 2010 „Metallbasis" = 108,92 €
Kalkulationsbasis = 0,82 €/Min.
Preisvorgabe = 108,92 €
108,92 € : 0,82 €/Min. = 133 Min.

J. Ganselheimer müsste um ein Drittel schneller arbeiten und hätte nur noch zwei Stunden und 13 Minuten für die Position „Metallbasis“ zur Verfügung.

Merksatz *Die Preisvorgaben innerhalb der BEL 2 geben den Mitarbeitern kaum Entwicklungsmöglichkeiten für eine bessere Zukunft. Wenn der Betrieb seine Qualitätsvorstellungen nicht aufgeben möchte, müssen die Löhne niedrig gehalten werden. Das raubt dem Zahntechnikerhandwerk jegliche Attraktivität gegenüber anderen Handwerken. Schon jetzt hinken Dentalbetriebe in der Entlohnung ihrer Leistungen hinter dem Durchschnitt anderer Handwerksberufe hinterher.*

14 Die Vorgabezeit in der BEL 2

Die Preisvorgaben innerhalb der BEL 2 zwingen das Denken innerhalb der Kalkulation in eine andere Richtung als ursprünglich gedacht. War es in erster Linie die Aufgabe, aufgrund von Kosten und Arbeitszeiten einen Preis für die Leistungen zu ermitteln, mussten jetzt bei gleichen Kosten die Arbeitszeiten an die Preisvorgaben angepasst werden. Da der Kostenrahmen für das Unternehmen wegen der Personalstruktur und der Umsatzgröße festliegt, müssen Vorgaben für das Zeitlimit der einzelnen BEL 2-Positionen erstellt werden. Dies ist notwendig, um die Arbeitsleistung der einzelnen Mitglieder des Betriebs beurteilen zu können, damit der Betrieb Gewinn erwirtschaften kann. Zu jeder BEL-Position gehört die individuelle Zeitbemessung eines jeden Mitarbeiters auf Basis seines Lohns und der Kosten des Betriebs.

Beispiel

Zahntechnikerin Carola Pöttermann – Edelmetall, Keramik und Frästechnik

Bruttolohn 1800 € – Kalkulationsbasis = 0,74 €

1021 Vollkrone Metall

= 65 € = 65 € : 0,74 € = 88 Minuten

1031 Vorbereiten Krone

= 9,78 € = 9,78 € : 0,74 € = 13 Minuten

1050 Stiftaufbau

= 43,91 € = 43,91 € : 0,74 € = 59 Minuten

1100 Brückenglied

= 45,67 € = 45,67 € : 0,74 € = 62 Minuten

1200 Teleskopierende Krone

= 197,88 € = 197,88 € : 0,74 € = 267 Minuten

1620 Vest. Verblendung Keramik

= 74,91 € = 74,91 € : 0,74 € = 101 Minuten

Beispiel Zahntechniker Justus Ganselheimer – Modellguss und Frästechnik

Bruttolohn 1500 € – Kalkulationsbasis = 0,61 €

1200 Teleskopierende Krone

= 197,88 € = 197,88 € : 0,61 € = 324 Minuten

2010 Metallbasis

= 108,92 € = 108,92 € : 0,61 € = 179 Minuten

2041 Zweiarmige Kl./Auflage

= 22,86 € = 22,86 € : 0,61 € = 37 Minuten

2081 Rückenschutzplatte

= 29,18 € = 29,18 € : 0,61 € = 48 Minuten

Beispiel Zahntechnikermeister Max Röhrig – Edelmetall, Keramik, Frästechnik

Bruttolohn 1750 € – Kalkulationsbasis = 0,72 €

1021 Vollkrone Metall

= 65 € = 65 € : 0,72 € = 90 Minuten

1031 Vorbereiten Krone

= 9,78 € = 9,78 € : 0,72 € = 14 Minuten

1050 Stiftaufbau

= 43,91 € = 43,91 € : 0,72 € = 61 Minuten

1100 Brückenglied

= 45,67 € = 45,67 € : 0,72 € = 63 Minuten

1200 Teleskopierende Krone

= 197,88 € = 197,88 € : 0,72 € = 275 Minuten

1620 Vest. Verblendung Keramik

= 74,91 € = 74,91 € : 0,72 € = 104 Minuten

Beispiel Zahntechnikerin Monika Fröhlich – Kunststoff

Bruttolohn 1200 € – Kalkulationsbasis = 0,49 €

3010 Aufstellung Grundeinheit

= 28,08 € = 28,08 € : 0,49 € = 57 Minuten

3020 Aufstellung Wachs je Zahn

= 1,33 € = 1,33 € : 0,49 € = 3 Minuten

3610 Fertigstellung Grundeinheit

= 44,89 € = 44,89 € : 0,49 € = 92 Minuten

3620 Fertigstellung je Zahn

= 2,56 € = 2,56 € : 0,49 € = 5 Minuten

8010 Grundeinheit Instands. ZE

= 16,19 € = 16,19 € : 0,49 € = 33 Minuten

8090 Vollständige Unterfütterung

= 45,16 € = 45,16 € : 0,49 € = 92 Minuten

Wie in diesen Beispielen dargestellt sollte für jeden produktiven Mitarbeiter des Labors eine Zeitliste auf Basis der BEL-Positionen erstellt werden. Dies ermöglicht im Vergleich mit den in der Statistik ermittelten Mengen der abgerechneten Positionen eine genaue Aussage über die Leistungsfähigkeit des Mitarbeiters. Ein Vergleich der durch die Abrechnung angefallenen Zeiten mit der tatsächlichen Arbeitszeit in dem Abrechnungszeitraum ermöglicht es uns, die Leistung und die Fähigkeiten des Einzelnen genau zu beurteilen.

15 Der Vorgabelohn in der BEB

In der BEL 2 die sind Kosten und Positionszeiten an einem vorgegebenen Preis auszurichten. Hier heißt es: Kassenleistung zum Kassenpreis. Anders sieht es im Bereich der BEB aus. Hier kann der Preis auf der Basis der Kosten und der Qualität der Arbeiten selbst kalkuliert werden. Für das BEB-Leistungsverzeichnis wurden vom VDZI zu den Erläuterungen der einzelnen Positionen auch Vorgabezeiten, die durch REFA-Messungen ermittelt wurden, für die Leistungspositionen angegeben. Diese Zeiten können als kalkulationsrelevante Zeitangaben für die Privatpreisliste der einzelnen Betriebe angesehen werden, sind aber sicherlich durch eigene Zeitmessungen noch zu verbessern. Unsere Aufgabe ist es nun, über die Vorgabezeiten und die Kosten des Betriebs einen Preis zu ermitteln. Alle Leistungspositionen der BEB müssen mit einem Preis versehen werden, um eine Preisliste für die Abrechnung von Privatleistungen zu bekommen. Diese Abrechnungsliste für Privatleistungen sollte immer auf Basis der eigenen Betriebsdaten erstellt werden. Die Übernahme von Standardzuschlagssätzen führt immer wieder zu einer verfälschten Kalkulation für den eigenen Betrieb und kann sich oftmals negativ auswirken, da sie nicht mit den wirklichen im Betrieb erbrachten Zahlen übereinstimmen. Die Übernahme von Kalkulationshilfen ist nur in der anfänglichen Entwicklungsphase eines Betriebs sinnvoll, wenn noch keine genauen Zahlen über die wirkliche Kostensituation des Betriebs vorliegen. Auch von der Übernahme von Preislisten anderer Laboratorien kann ich nur abraten, wenn unbekannt ist, auf welcher Basis diese Preisliste entstanden ist. Oft habe ich erlebt, dass Preise geschätzt wurden. Preisschätzen ist keine einwandfreie Kalkulation, weil hier die wahren Kosten des Betriebs nicht richtig erkannt werden und somit auch keine betriebsgenaue Bewertung erfahren. Bei einer oberflächlichen und gefühlsmäßigen Schätzung seiner Preise fehlt dem Unternehmer jegliche Kalkulationsgrundlage.

Ein weiterer wichtiger Punkt bei der Erstellung einer Abrechnungsliste für Privatleistungen ist ihre Umsetzbarkeit auf den gesamten Betrieb. Beim Aufbau der Abrechnungsliste steht nicht von Anfang an fest, welcher Techniker oder welche Technikerin später die Arbeiten fertigt. Somit muss gewährleistet sein, dass mehrere Mitarbeiter, trotz unterschiedlichem Gehaltsniveau, die gleiche Arbeit fertigen und dabei Gewinn erwirtschaften können. Außerdem muss die Abrechnungsliste den Mitarbeitern Entwicklungsspielraum geben, was Leistung, Qualifikation und Entlohnung anbelangt. Der Blick für das Ganze darf nie verloren gehen.

Schauen wir uns noch einmal unseren Musterbetrieb Klöppelmann & Röhrig GmbH an:

Inhaber:
Zahntechnikermeister Heinz Klöppelmann
Zahntechnikermeister Max Röhrig
Beide können in allen Bereichen des Betriebs eingesetzt werden.

Mitarbeiter:
Zahntechnikerin Heidi Glücklich – Edelmetall und Keramik
Zahntechnikerin Carola Pöttermann – Edelmetall, Keramik und Frästechnik
Zahntechnikerin Silke Meierlein – Kunststoff und Modellguss
Zahntechnikerin Monika Fröhlich – Kunststoff
Zahntechniker Justus Ganselheimer – Modellguss und Frästechnik
Zahntechnische Assistentin Hilde Herzlich – Arbeitsvorbereitung
Auszubildende Paula Sorgfalt
Auszubildender Daniel Düse
Bürokauffrau Doris Bangemann
Fahrer Heinz Schnell

Bitte beachten Sie die unterschiedlichen Schwerpunkte der einzelnen Mitarbeiter, die sich schon in diesem kleinen Betrieb ergeben.

Auf der nächsten Seite sind die Bruttolöhne und Kalkulationsminuten, die wir zu einem früheren Zeitpunkt berechnet hatten, der einzelnen Personen aufgeführt.

Bruttolöhne:

Zahntechnikermeister Heinz Klöppelmann/Bruttolohn 1750 Euro
Zahntechnikermeister Max Röhrig/Bruttolohn 1750 Euro
Zahntechnikerin Heidi Glücklich/Bruttolohn 2300 Euro
Zahntechnikerin Carola Pöttermann/Bruttolohn 1800 Euro
Zahntechnikerin Silke Meierlein /Bruttolohn 2000 Euro
Zahntechnikerin Monika Fröhlich /Bruttolohn 1200 Euro
Zahntechniker Justus Ganselheimer Bruttolohn 1500 Euro
Zahntechnische Assistentin Hilde Herzlich/Bruttolohn 1200 Euro

Kalkulationsbasis:

Zahntechnikermeister Heinz Klöppelmann	= 0,72 Euro/Min.
Zahntechnikermeister Max Röhrig	= 0,72 Euro/Min.
Zahntechnikerin Heidi Glücklich	= 0,93 Euro/Min.
Zahntechnikerin Carola Pöttermann	= 0,74 Euro/Min.
Zahntechnikerin Silke Meierlein	= 0,82 Euro/Min.
Zahntechnikerin Monika Fröhlich	= 0,49 Euro/Min.
Zahntechniker Justus Ganselheimer	= 0,61 Euro/Min.
Zahntechnische Assistentin Hilde Herzlich	= 0,49 Euro/Min.

Auf Basis dieser Berechnungen und den Arbeitsschwerpunkten können wir uns Gedanken über die Abrechnungsliste für Privatleistungen machen. Die Mitarbeiter Bürokauffrau Doris Bangemann, Fahrer Heinz Schnell, Auszubildende Paula Sorgfalt und Auszubildender Daniel Düse finden in den Berechnungen keine Berücksichtigung. Sie sind entweder nicht in der Produktion tätig oder gehören nicht dem Fertigungslohnbereich an.

Merksatz

Auszubildende werden grundsätzlich nicht in die Kalkulation mit einbezogen.

Beginnen wir mit dem Edelmetallbereich und nehmen hier die Position 2102 „Krone gegossen nach Stufenpräparation".

Planzeit = 71 Minuten

$$\frac{\textbf{71 Minuten} \cdot \textbf{125 \%}}{100\ \%} = \textbf{89 Minuten}$$

Zeitvorgabe = 89 Minuten

ZTM Heinz Klöppelmann – 0,72 €/Min.
89 Min. · 0,72 €/Min. = 64,08 €

ZT Heidi Glücklich – 0,93 €/Min.
89 Min. · 0,93 €/Min. = 82,77 €

ZTM Max Röhrig – 0,72 €/Min.
89 Min. · 0,72 €/Min. = 64,08 €

ZT Carola Pöttermann – 0,74 €/Min.
89 Min. · 0,74 €/Min. = 65,86 €

Welcher Preis ist jetzt der Richtige oder Passende in der Privatpreisliste? Sicherlich tendieren wir zu einer Größenordnung von 83 Euro. Dieser Gedanke ist vollkommen richtig. Die Frage ist jedoch, ob sich 83 Euro als Preis realisieren bzw. am Markt durchsetzen lassen. Sollten wir einen höheren Preis fordern als andere Unternehmen, müssen wir diesen gegenüber unseren Kunden auch rechtfertigen können. Ein höherer Preis ergibt sich entweder aus den höheren Kosten gegenüber anderen Anbietern, oder aber aus der besseren Qualität der Arbeiten, die wir fertigen. Den Konkurrenzkampf mit ausländischen Anbietern können wir im Bereich der Kosten nicht gewinnen. Hier können wir nur mit der Qualität der von uns gefertigten Arbeiten punkten. Wir müssen unseren Kunden die Qualität unserer Arbeiten so deutlich machen, damit sie diese auch ihren

Kunden, den Patienten, gegenüber jederzeit erklären und verkaufen können. Nur wer von Qualität überzeugt ist, akzeptiert den Preis dafür.

„Nur kurz währt die Freude über den niedrigen Preis, lange jedoch über die gute Qualität des Produkts".

Merksatz

Wenn also die Technikerin Heidi Glücklich mit einem Gehalt von 2300 Euro brutto den Maßstab unserer Qualitätsanforderung stellt, sollte ihr Gehalt auch der Vorgabelohn für die Berechnungen im Bereich Edelmetall sein. Wenn dann Preiserhöhungen möglich sind, besteht auch im Gehalt von Heidi Glücklich ein Spielraum nach oben. Die anderen in diesem Bereich tätigen Mitarbeiter gewinnen durch den Vorgabelohn und den dadurch festgelegten Abrechnungspreis einen größeren zeitlichen Spielraum für die Herstellung der Krone. Außerdem müssen bei Gehaltserhöhungen bei ihnen keine Preisanpassungen vorgenommen werden. Lediglich ihre individuelle Planzeit für die Abrechnungsposition ändert sich bzw. wird angepasst. Dies kann so lange geschehen, bis der Vorgabelohn für die Berechnung erreicht ist. Somit ergibt sich für die BEB-Position 2102 „Krone gegossen nach Stufenpräparation" bei der Firma Klöppelmann & Röhrig GmbH folgende Vorgabe:

Vorgabelohn = 2300 €
Zeitvorgabe = 89 Minuten
Kalkulationsbasis (bei 2300 €) = 0,93 €/Min.
89 Min. · 0,93 €/Min. = 82,77 €
BEB-Position 2102 „Krone gegossen nach Stufenpräparation" = 83 €

ZTM Heinz Klöppelmann – 0,72 €/Min.
83 € : 0,72 €/Min. = 115 Min.

ZT Heidi Glücklich – 0,93 €/Min.
83 € : 0,93 €/Min. = 89 Min.

ZTM Max Röhrig – 0,72 €/Min.
83 € : 0,72 €/Min. = 115 Min.

ZT Carola Pöttermann – 0,74 €/Min.
83 € : 0,74 €/Min. = 112 Min.

Der Maßstab für den Qualitätsstandard für die zu fertigende Krone liegt fest und schlägt sich im Preis nieder. Die individuellen Zeitvorgaben geben den anderen Mitarbeitern die Möglichkeit, in ausreichender Zeit den Anforderungen des Unternehmens gerecht zu werden und bieten jeglichen Entwicklungsspielraum. Durch die Steuerung individueller Planzeiten, über die EDV, ist eine qualitätsgesicherte Leistungserbringung in einem gesicherten Preis-/Leistungsverhältnis möglich.

Der Vorgabelohn muss nicht immer dem Gehalt eines Mitarbeiters entsprechen, sondern kann auch individuell gewählt werden. Ich möchte dies am Beispiel des Mitarbeiters Justus Ganselheimer verdeutlichen.

Zahntechniker Justus Ganselheimer – Bruttolohn 1500 € – Kalkulationsbasis 0,61 € Modellguss und Frästechnik

Er ist der einzige Mitarbeiter des Betriebs im Bereich Modelguss. Bei Urlaub oder Krankheit kann er nur durch die beiden Betriebsinhaber ZTM Heinz Klöppelmann und ZTM Max Röhrig ersetzt werden. Dieser Umstand muss bei der Berechnung der Modellgusspositionen innerhalb der BEB beachtet werden. Auch sein unbedingter Wille, beruflich und finanziell vorwärts zu kommen, darf nicht außer Acht gelassen werden. Daher müssen nachfolgende Überlegungen angestellt werden:

BEB-Position 4002 „Metallbasis Oberkiefer, partiell"
Planzeit = 97 Minuten

$$\frac{97 \text{ Minuten} \cdot 125\,\%}{100\,\%} = 121 \text{ Minuten}$$

Zeitvorgabe = 121 Minuten

Zahntechniker Justus Ganselheimer – Kalkulationsbasis 0,61 €/Min.
121 Min. · 0,61 €/Min. = 73,81 €

ZTM Heinz Klöppelmann – 0,72 €/Min.
121 Min. · 0,72 €/Min. = 87,12 €

ZTM Max Röhrig – 0,72 €/Min.
121 Min. · 0,72 €/Min. = 87,12 €

Es muss zumindest ein Preis von 87,12 Euro für diese Position erzielt werden, damit im Vertretungsfall keine Verluste für die Firma entstehen. Wenn wir nun aber einen Vorgabelohn von 2100 Euro, was einem Gesellenlohn mit mehrjähriger Erfahrung entspricht, zugrunde legen, ergeben sich folgende Berechnungen:

Vorgabelohn = 2100 €
Stunden pro Monat = 145,33 Std.

$$\frac{2.100 \text{ €}}{145{,}33 \text{ Std.}} = 14{,}45 \text{ € / Stunde}$$

$$\frac{14{,}45 \text{ €} \cdot 1 \text{ Min.}}{60 \text{ Min.}} = 0{,}24 \text{ €/Min.}$$

$$\frac{0{,}24 \text{ €} \cdot 281{,}4\,\%}{100\,\%} = 0{,}68 \text{ €/Min.} = \text{Kostenminute}$$

$$\frac{0{,}68 \text{ €} \cdot 128\,\%}{100\,\%} = \mathbf{0{,}87 \text{ €/Min.} = \text{Kalkulationsbasis}}$$

Die Kalkulationsbasis für einen Bruttolohn von 2100 Euro liegt bei 0,87 Euro pro Minute.

BEB – Position 4002 „Metallbasis Oberkiefer, partiell"
Zeitvorgabe = 121 Minuten
121 Min. · 0,87 €/Min. = 105,27 €

Unser Preis für die BEB-Position 4002 „Metallbasis Oberkiefer, partiell" liegt also bei rund 106 Euro. Ein Preis von 106 Euro ist unter dem Hintergrund eines BEL 2-Abrechnungspreises für die Modellgussbasis in ungefähr gleicher Höhe sicherlich zu realisieren. Aus diesem Preis ergeben sich wieder die individuellen Zeitwerte:

Zahntechniker Justus Ganselheimer – 0,61 €
106 € : 0,61 €/Min. = 174 Min.

ZTM Heinz Klöppelmann – 0,72 €/Min.
106 € : 0,72 €/Min. = 147 Min.

ZTM Max Röhrig – 0,72 €/Min.
106 € : 0,72 €/Min. = 147 Min.

Wie wir sehen können, kalkulieren wir so die Positionen unserer BEB-Liste und schaffen uns einen ausreichenden Gestaltungsraum. Die individuellen Zeitwerte ermöglichen es, dass die einzelnen Mitarbeiter den Qualitätsanforderungen gerecht werden können und für sie selbst ein günstiger Entwicklungsraum entsteht. Auch der Auslastungsgewinn findet hier besondere Bedeutung, während der Flexibilitätsgewinn gegeben ist.

16 Personalplanung unter kalkulatorischen Gesichtspunkten

Personalplanung unter kalkulatorischen Gesichtspunkten ist ein wichtiger Aspekt des unternehmerischen Denkens. Der Betrieb ist gehalten, Grundlagen zu schaffen für ein kreatives Denken und Handeln der Mitarbeiter im Sinne der Firma. Nur wer sich positiv mit seiner Arbeit und seinen Aufgaben identifizieren kann, ist ein Gewinn für das Unternehmen.

16.1 Der Entwicklungsraum

Der Entwicklungsraum eines Mitarbeiters oder einer Mitarbeiterin innerhalb des Betriebs und seines Arbeitsfelds sollte als äußerst wichtig angesehen werden und sich auch in der Kalkulation der Abrechnungsliste für Privatleistungen wiederspiegeln. Mitarbeiter ohne ausreichende Perspektive werden leider zu schnell zum Inventar des Betriebs. Sie haben keinen Antrieb mehr, entwickeln keine Ideen für Verbesserungen der Qualität und bekommen eine Mitläufermentalität. Es werden jedoch mitdenkende Mitarbeiter mit einer positiven Einstellung zur Arbeit benötigt, wenn sich der Betrieb auch weiterhin verbessern möchte.

Nehmen wir als Beispiel die beiden Mitarbeiterinnen Silke Meierlein und Monika Fröhlich. Silke Meierlein ist eine erfahrene Kunststofftechnikerin, während Monika Fröhlich noch am Anfang ihres Berufslebens als Zahntechnikerin in der Kunststoffprothetik steht. Der Leistungsstand spiegelt sich auch im Gehaltsunterschied zwischen den beiden Technikerinnen wider.

Zahntechnikerin Silke Meierlein – Bruttolohn 2000 €
Zahntechnikerin Monika Fröhlich – Bruttolohn 1200 €

Aus den unterschiedlichen Bruttolöhnen ergibt sich zwangsläufig eine unterschiedliche Kalkulationsbasis.

Zahntechnikerin Silke Meierlein	= 0,82 €/Min.
Zahntechnikerin Monika Fröhlich	= 0,49 €/Min.

Nehmen wir jetzt einmal die Auf- und Fertigstellung einer totalen Prothese innerhalb der BEL 2-Liste.

3010 Aufstellung Grundeinheit	1 ·	28,08 €	= 28,08 €
3020 Aufstellung Wachs je Zahn	14 ·	1,33 €	= 18,62 €
3610 Fertigstellung Grundeinheit	1 ·	44,89 €	= 44,89 €
3620 Fertigstellung je Zahn	14 ·	2,56 €	= 35,84 €
			127,43 €

Zahntechnikerin Silke Meierlein – Kalkulationsbasis = 0,82 €/Min.
Kalkulationsbasis = 0,82 €/Min.
Preisvorgabe = 127,43 €
127,43 € : 0,82 €/Min. = 155 Minuten

Zahntechnikerin Monika Fröhlich – Kalkulationsbasis = 0,49 €/Min.
Kalkulationsbasis = 0,49 €/Min.
Preisvorgabe = 127,43 €
127,43 € : 0,49 €/Min. = 260 Minuten

Die Zahntechnikerin Monika Fröhlich hat rund 105 Minuten mehr Zeit für diese Arbeit als ihre Kollegin Silke Meierlein. Dieser Unterschied in der Fertigungszeit kommt der Entwicklung von Monika Fröhlich zugute. Sie hat genügend Zeit, Erfahrung zu sammeln und langsam mit der Arbeit zu wachsen. Sie kann sich an den Arbeiten ihrer Kollegin orientieren und ihr Arbeitstempo, unter Beibehaltung der Qualitätsvorgaben, langsam steigern. Das Gehalt kann dann mit den gemachten Fortschritten wachsen. Ähnlich sieht es bei den beiden Technikerinnen bei der Erstellung der Abrechnungsliste für Privatleistungen aus.

Nehmen wir nun einmal die Auf- und Fertigstellung einer totalen Prothese innerhalb der BEB-Liste.

6001 Aufstellen Grundeinheit	1 · 27 Min.	= 27 Minuten
6002 Aufstellen je Zahneinheit	14 · 6 Min.	= 84 Minuten
6301 Grundeinheit Fertigstellung	1 · 60 Min.	= 60 Minuten
6302 Fertigstellen je Zahneinheit	14 · 3 Min.	= 42 Minuten
		213 Minuten

Planzeit = 213 Minuten

$$\frac{213 \text{ Minuten} \cdot 125\,\%}{100\,\%} = 266 \text{ Minuten}$$

Zeitvorgabe = 266 Minuten

Wenn wir nur einmal kurz einen Blick auf die Zeit werfen, die die Zahntechnikerin Silke Meierlein aufgrund ihres Gehalts innerhalb der BEL 2-Liste zur Verfügung hat und welche Zeit wir im Vergleich dazu in der BEB veranschlagen, müssen wir uns fragen, ob sie einmal zu wenig Zeit hat oder das andere Mal zu viel Zeit bekommt. Jede in der Zahntechnik hergestellte Arbeit benötigt, um auf hohem funktionellem wie auch ästhetischem Niveau zu stehen, eine ausreichende Zeit. Jeder stärkere Einschnitt in diese Zeitvorgaben führt zu Qualitätsverlust. Ziel muss sein, für die Patienten eine ihrem Wesen entsprechende Prothese herzustellen. Dieses Unikat kann nicht in einer Massenproduktion entstehen. Dieser Gedanke ist eine der Grundlagen für eine Personalplanung unter kalkulatorischen Gesichtspunkten.

Auf- und Fertigstellung einer totalen Prothese innerhalb der BEB-Liste:

Zeitvorgabe = 266 Minuten
Als Referenz für die Berechnung nehmen wir die Technikerin Silke Meierlein.
Zahntechnikerin Silke Meierlein – Kalkulationsbasis = 0,82 €/Min.
266 Min. · 0,82 €/Min. = 218,12 €
Preisvorgabe = 218,12 €

Zahntechnikerin Monika Fröhlich – Kalkulationsbasis = 0,49 €/Min.
218,12 € : 0,49 €/Min. = 445 Min.
Zeitvorgabe = 445 Minuten

Der Zeitgewinn ist für die Zahntechnikerin Monika Fröhlich erheblich. Aber nur dadurch ist es ihr möglich, Erfahrung zu sammeln und eine positive Entwicklung innerhalb der Zahntechnik zu nehmen. Die Fähigkeiten von Jungtechnikern müssen langsam gesteigert und gelenkt werden, um die Freude an der Arbeit zu erhalten und ihren Sinn für Qualität zu schulen und zu schärfen. Wenn ausreichend Zeit da ist, Fehler zu machen und aus ihnen zu lernen, um sie dann selber abstellen zu können, wird ein Arbeitsklima geschaffen, in dem sich die Mitarbeiter wohlfühlen können. Solche Mitarbeiter werden dann auch gern im Sinn des Betriebs handeln.

16.2 Das Zeitkonto

Wie schon in Kapitel 12.3 angesprochen erlebt die Zahntechnik über das Jahr gesehen mehr oder minder starke Schwankungen in der Auftragslage. Eine gleichbleibende Auslastung des Betriebs ist nicht möglich. Aufgrund von Einzelaufträgen wird das jeweils angeforderte Werkstück produziert. Da es sich bei jedem Teil um ein Unikat handelt und jeweils für eine bestimmte Person gefertigt wird, ist es unmöglich, etwas vorzuproduzieren. Die Tätigkeit kann erst beginnen, wenn der Auftrag eingegangen ist. Diese Schwankungen in der Auslastung des Betriebs soll die nachstehende Grafik noch einmal verdeutlichen.

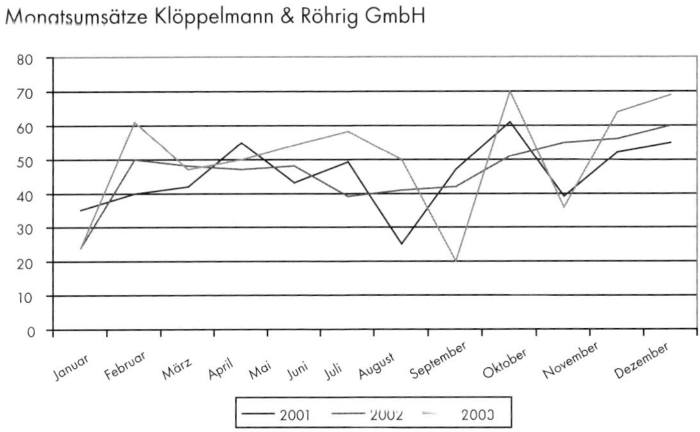

Die Schwankungen sind in den Jahren mehr oder minder stark. Die Einbrüche im Sommer, bedingt durch den Urlaub der Auftraggeber, können durch den Urlaub der Mitarbeiter weitestgehend aufgefangen werden. Aber wie ist es mit dem schwachen Jahresanfang und den Ferieneinbrüchen im Frühjahr und Herbst? Wie wirken sich die Auftragsspitzen im Lauf eines Jahres aus? Jeder hat es bestimmt schon erlebt, dass Mitarbeiter in schwachen Zeiten die einzelnen Arbeiten in die Länge ziehen. Da wird oft stundenlang an einer Krone oder einer Verblendung gebastelt, ohne dass das Ergebnis besser ist als sonst. Wenn dann viel Arbeit vorhanden ist, werden Überstunden gemacht, die dann nicht einzeln, sondern in ganzen Tagen oder Wochen abgefeiert werden. Meistens wollen die Mitarbeiter dann frei haben, wenn im Betrieb wieder genügend Arbeit vorhanden ist, sodass andere Mitarbeiter wieder Überstunden machen müssen, um das Fehlen der Kollegen auszugleichen. Mancher lässt sie sich auch auszahlen, weil er sie schon in seinen Lebensunterhalt eingeplant hat. Diese Art von Mitarbeitern macht eigentlich ständig Überstunden. All diese Probleme führen zu Gewinnverlusten innerhalb der Betriebe und erschweren die Arbeits- und Personalplanung. Abhilfe kann hier nur ein flexibles Zeitkonto schaffen. Ich mutmaße, dass sich im überwiegenden Teil der zahntechnischen

Laboratorien eine sogenannte Stempeluhr befindet. Hier werden die individuellen Arbeitszeiten der Mitarbeiter erfasst und gespeichert. Für jeden Arbeitstag ist nachprüfbar, wann die Mitarbeiter gekommen und gegangen sind und wann sie Pausen gemacht haben. Plus- bzw. Minusstunden können am Monatsende ausgewiesen oder berechnet werden. Hier muss ein Umdenken stattfinden. Den Mitarbeitern des Betriebs ist zu verdeutlichen, dass sie nur eine bestimmte Zeit für eine Arbeit zur Verfügung haben. Voraussetzung ist, dass ihnen anhand ihres Bruttolohns verständlich erklärt wird, auf welcher Basis kalkuliert wird und welche Zeitvorgaben sich dadurch für sie ergeben. Diese Maßnahme trägt dazu bei, dass die Mitarbeiter selbständig ihre Arbeitszeit nach der Menge der vorhandenen Arbeit steuern. Durch ein so entstehendes, flexibles Arbeitszeitkonto können die Mitarbeiter in schwachen Zeiten weniger arbeiten und bei überdurchschnittlicher Auftragslage das Zeitkonto wieder auffüllen. Voraussetzung für das Gelingen ist einerseits gegenseitiges Vertrauen, andererseits aber auch das Wissen des Mitarbeiters oder der Mitarbeiterin, dass die zugrunde gelegten Zeitvorgaben kontrolliert werden. Es ist sinnvoll, Statistiken über die vom Mitarbeiter abgerechneten Positionen zu führen und dabei die aufgelaufenen, individuellen Zeitwerte zu summieren, um so die angefallenen Arbeitszeit des Einzelnen vergleichen und auswerten zu können. Unnötige Überstunden können vermieden werden und eine für den Betrieb und seine Angestellten effektive Zeitsteuerung ist möglich.

16.3 Die Umsatzvorgabe

Die Umsatzvorgabe knüpft nahtlos an den Gedanken flexibles Zeitkonto an. Die Zeit, die die Mitarbeiter für den Betrieb tätig sind, sollte effektiv genutzt werden und zu beurteilen sein. Wie effektiv ist ein Mitarbeiter wirklich? Die Beurteilung von Mitarbeitern muss auf Fakten beruhen. Allein der Umstand, dass ein Mitarbeiter viele Arbeitsschalen auf dem Arbeitsplatz stehen hat, bedeutet nicht gleichzeitig, dass er auch ausgelastet und effizient tätig ist. Effizienz ist eine

Sache der Arbeitsgestaltung und des Umsetzens von Vorgaben. Hier ist anzusetzen und gezielte Vorgaben sind notwendig. Diese werden den Mitarbeitern genau erläutert, und es muss klar sein, dass diese Vorgaben auch erfüllt werden müssen. Welche Vorgaben können wir aufgrund unserer Kalkulation machen? Folgende Vorgaben können für alle Mitarbeiter berechnet werden:

Tagesumsatz / Durchschnittliche Umsatzvorgabe pro Tag

Monatsumsatz / Durchschnittliche Umsatzvorgabe pro Monat

Jahresumsatz / Umsatzvorgabe pro Jahr

Für den Tages- und den Monatsumsatz können nur durchschnittliche Vorgaben erstellt werden, da diese Zahlen von der jeweiligen Auftragslage abhängig sind. An den Jahresumsatz müssen wir eine feste Anforderung stellen, weil er über Gewinn oder Verlust im laufenden Geschäftsjahr entscheidet. Wenn wir die Kalkulationsbasis der einzelnen Mitarbeiter kennen, können wir genaue Vorgaben für jeden einzelnen Mitarbeiter machen.

Tagesumsatz = Kalkulationsbasis · Tägliche Arbeitszeit in Minuten

Monatsumsatz = Tagesumsatz · Arbeitstage pro Monat

Jahresumsatz = Tagesumsatz · Arbeitstage pro Jahr

Tägliche Arbeitszeit = 8 Stunden = 8 · 60 Min. = 480 Min.

Arbeitstage pro Monat : Variabel für jeden Monat oder Arbeitstage pro Jahr : 12 = 218 Tage : 12 = 18,17 Tage

Arbeitstage pro Jahr = 218 Tage (siehe Kapitel 9.1)

Mit diesen Vorgaben können wir nachfolgende Berechnungen für unseren Musterbetrieb die Klöppelmann & Röhrig Zahntechnik GmbH machen:

Zahntechnikerin Heidi Glücklich – Kalkulationsbasis = 0,93 €/Min.
Tagesumsatz = 0,93 €/Min. · 480 Min. = 446,40 €
Monatsumsatz = 446,40 €/Tag · 18,17 Tage = 8111,08 €
Jahresumsatz = 446,40 €/Tag · 218 Tage = 97.315,20 €

Zahntechnikerin Carola Pöttermann – Kalkulationsbasis = 0,74 €/Min.
Tagesumsatz = 0,74 €/Min. · 480 Min. = 355,20 €
Monatsumsatz = 355,20 €/Tag · 18,17 Tage = 6453,98 €
Jahresumsatz = 355,20 €/Tag · 218 Tage = 77.433,60 €

Zahntechnikerin Silke Meierlein – Kalkulationsbasis = 0,82 €/Min.
Tagesumsatz = 0,82 €/Min. · 480 Min. = 393,60 €
Monatsumsatz = 393,60 €/Tag · 18,17 Tage = 7157,71 €
Jahresumsatz = 393,60 € · 218 Tage = 85.804,80 €

Zahntechnikerin Monika Fröhlich – Kalkulationsbasis = 0,49 €/Min.
Tagesumsatz = 0,49 €/Min. · 480 Min. = 235,20 €
Monatsumsatz = 235,20 €/Tag · 18,17 Tage = 4273,58 €
Jahresumsatz = 235,20 €/Tag · 218 Tage = 51.273,60 €

Zahntechniker Justus Ganselheimer – Kalkulationsbasis = 0,61 €/Min.
Tagesumsatz = 0,61 €/Min. · 480 Min. = 292,80 €
Monatsumsatz = 292,80 €/Tag · 18,17 Tage = 5320,18 €
Jahresumsatz = 292,80 €/Tag · 218 Tage = 63.830,40 €

Zahntechnische Assistentin Hilde Herzlich – Kalkulationsbasis = 0,49 €/Min.
Tagesumsatz = 0,49 €/Min. · 480 Min. = 235,20 €
Monatsumsatz = 235,20 €/Tag · 18,17 Tage = 4273,58 €
Jahresumsatz = 235,20 €/Tag · 218 Tage = 51.273,60€

Aufgrund dieser betriebsspezifischen Berechnungen können wir jetzt unseren Mitarbeiten Vorgaben für den Tages-, Monats- und Jahresumsatz machen. Diese durchschnittlichen bzw. im Jahresumsatz festen Werte sollten erwirtschaftet werden. Es muss nicht jedem Mitarbeiter detailliert erklärt werden, wie seine Kalkulationsbasis entstanden ist. Er soll wissen, dass es sie gibt und wie sich daraus die entsprechenden Vorgaben ergeben. Die einzige Frage, die noch zu klären wäre ist, ob in jedem Bereich mit 25 % Gewinn kalkuliert werden kann und ob der Gewinn dann auch in dem Bereich von den entsprechenden Mitarbeitern erwirtschaftet werden kann. Hier muss jeder seine eigenen Erfahrungen machen und für seinen Betrieb entscheiden. Im Kunststoff- und Arbeitsvorbereitungsbereich wird es sicherlich schwer sein, diese Vorgaben zu erfüllen. Hier müssen, aufgrund der BEL 2-Preisliste, die Gewinnerwartungen heruntergeschraubt und eventuell im Edelmetall- und Keramiksektor etwas erhöht werden. Dieser Aspekt erfordert meiner Meinung nach ein Umdenken in der Gestaltung der Preise, um den einzelnen Sparten der Zahntechnik gerecht werden zu können. Aufwand und Entlohnung müssen in einem Gleichverhältnis stehen. Dieser Wunsch kann derzeit nur in der Abrechnungsliste für Privatleistungen realisiert werden. Die Aufgabe ist es, eine ausgewogene Preiskalkulation für die technisch hochwertigen Produkte zu erstellen und zu vertreten.

Wenn wir in die Umsatzbewertung auch die beiden mitarbeitenden Betriebsinhaber einbeziehen und davon ausgehen, dass wir diese Bewertung als Vorkalkulation am Anfang des Jahres durchführen, bekommen wir noch mehr planerische Grundlagen.

Zahntechnikermeister Heinz Klöppelmann = 0,72 €/Min.

Tagesumsatz = 0,72 €/Min. · 480 Min. = 345,60 €

Monatsumsatz = 345,60 €/Tag · 18,17 Tage = 6279,55 €

Jahresumsatz = 345,60 €/Tag · 218 Tage = 75.340,80 €

Zahntechnikermeister Max Röhrig = 0,72 €/Min.
Tagesumsatz = 0,72 €/Min. · 480 Min. = 345,60 €
Monatsumsatz = 345,60 €/Tag · 18,17 Tage = 6279,55 €
Jahresumsatz = 345,60 €/Tag · 218 Tage = 75.340,80 €

Auch die beiden Betriebsinhaber müssen einen ihrem Fertigungslohn entsprechenden Umsatz erwirtschaften, um zum geplanten Erfolg der Unternehmung beizutragen. Wenn am Jahresanfang die notwendigen Jahresumsätze aller in der Produktion Tätigen ermittelt werden, kann eine Aussage über den notwendigen Gesamtjahresumsatz an Leistungen des Betriebs getroffen werden. Dieser Umsatz in Verbindung mit den Prognosen für das laufende Jahr lässt erkennen, wie die Personalsituation ist und ob Veränderungen notwendig sind.

Zahntechnikermeister Heinz Klöppelmann
Jahresumsatz = 345,60 €/Tag · 218 Tage = 75.340,80 €

Zahntechnikermeister Max Röhrig
Jahresumsatz = 345,60 €/Tag · 218 Tage = 75.340,80 €

Zahntechnikerin Heidi Glücklich
Jahresumsatz = 446,40 €/Tag · 218 Tage = 97.315,20 €

Zahntechnikerin Carola Pöttermann
Jahresumsatz = 355,20 €/Tag · 218 Tage = 77.433,60 €

Zahntechnikerin Silke Meierlein
Jahresumsatz = 393,60 €/Tag · 218 Tage = 85.804,80 €

Zahntechnikerin Monika Fröhlich
Jahresumsatz = 235,20 €/Tag · 218 Tage = 51.273,60 €

Zahntechniker Justus Ganselheimer
Jahresumsatz = 292,80 €/Tag · 218 Tage = 63.830,40 €

Zahntechnische Assistentin Hilde Herzlich
Jahresumsatz = 235,20 €/Tag · 218 Tage = 51.273,60 €

Gesamtjahresumsatz = 577.612,80 €

Dies ist die Umsatzvorgabe an Leistungen (Umsatz ohne Material) unseres Musterbetriebs der Klöppelmann & Röhrig Zahntechnik GmbH. Ein Vergleich mit dem Vorjahresumsatz und den zu erwartenden Umsatzsteigerungen oder -verlusten kann die Personalplanung für das laufende Jahr erleichtern und notwendige Maßnahmen sichtbar machen. Falls das Jahr sich nicht so wie erwartet entwickelt, muss der Spielraum zwischen Gewinn- und Verlustbereich erkennbar sein, um nicht auf jede Veränderung mit unüberlegten Schnellschüssen zu reagieren. Bei allem Streben nach Gewinnoptimierung ist zu beachten, dass es sich bei den Angestellten um Menschen handelt, die auf ihren Arbeitgeber vertrauen und deren persönliches Schicksal eng mit dessen Entscheidungen verbunden ist. Es sollte keine „Hire and Fire-Mentalität“ an den Tag gelegt werden, sondern Um- und Weitsicht sollten den Umgang miteinander bestimmen.

Den Gewinnbereich haben wir ermittelt. Nun stellt sich die Frage, wo der Verlustbereich anfängt. Bei welchem Jahresumsatz an Leistungen sind die Kosten zumindest gedeckt? Hierzu muss die Berechnung an Stelle der Kalkulationsbasis mit der Kostenminute durchführt werden. Die Kostenminute entspricht den Selbstkosten, dem Punkt in unserer Zuschlagskalkulation, an dem zumindest alle Kosten des Betriebs gedeckt sind.

Die Kostenminute (Kapitel 10.1):

Zahntechnikermeister Heinz Klöppelmann	= 0,56 €/Min.
Zahntechnikermeister Max Röhrig	= 0,56 €/Min.
Zahntechnikerin Heidi Glücklich	= 0,73 €/Min.
Zahntechnikerin Carola Pöttermann	= 0,58 €/Min.
Zahntechnikerin Silke Meierlein	= 0,64 €/Min.
Zahntechnikerin Monika Fröhlich	= 0,38 €/Min.
Zahntechniker Justus Ganselheimer	= 0,48 €/Min.
Zahntechnische Assistentin Hilde Herzlich	= 0,38 €/Min.

Daraus ergeben sich nachfolgende Berechnungen:

Zahntechnikermeister Heinz Klöppelmann = 0,56 €/Min.
Tageskostenumsatz = 0,56 €/Min. · 480 Min. = 268,80 €
Jahreskostenumsatz = 268,80 €/Tag · 218 Tage = **58.598,40 €**

Zahntechnikermeister Max Röhrig = 0,56 €/Min.
Tagesumkostensatz = 0,56 €/Min. · 480 Min. = 268,80 €
Jahreskostenumsatz = 268,80 €/Tag · 218 Tage = **58.598,40 €**

Zahntechnikerin Heidi Glücklich = 0,73 €/Min.
Tageskostenumsatz = 0,73 €/Min. · 480 Min. = 350,40 €
Jahreskostenumsatz = 350,40 €/Tag · 218 Tage = **76.387,20 €**

Zahntechnikerin Carola Pöttermann = 0,58 €/Min.
Tageskostenumsatz = 0,58 €/Min. · 480 Min. = 278,40 €
Jahreskostenumsatz = 278,40 €/Tag · 218 Tage = **60.691,20 €**

Zahntechnikerin Silke Meierlein = 0,64 €/Min.
Tageskostenumsatz = 0,64 €/Min. · 480 Min. = 307,20 €
Jahreskostenumsatz = 307,20 €/Tag · 218 Tage = **66.969,60 €**

Zahntechnikerin Monika Fröhlich = 0,38 €/Min.
Tageskostenumsatz = 0,38 €/Min. · 480 Min. = 182,40 €
Jahreskostenumsatz = 182,40 €/Tag · 218 Tage = **39.763,20 €**

Zahntechniker Justus Ganselheimer = 0,48 €/Min.
Tageskostenumsatz = 0,48 €/Min. · 480 Min. = 230,40 €
Jahreskostenumsatz = 230,40 €/Tag · 218 Tage = **50.227,20 €**

Zahntechnische Assistentin Hilde Herzlich = 0,38 €/Min.
Tageskostenumsatz = 0,38 €/Min. · 480 Min. = 182,40 €
Jahreskostenumsatz = 182,40 €/Tag · 218 Tage = **39.763,20 €**

Jahreskostendeckungsumsatz = 450.998,40 €

Ab einem Jahresumsatz von rund 451.000 Euro sind zumindest alle Kosten des Betriebs gedeckt. Zu vergessen ist dabei nicht, dass damit schon das gesamte Gehalt der Betriebsinhaber, inklusive des kalkulatorischen Unternehmerlohns, erwirtschaftet wurde. Lediglich das Wagnis und der Gewinn wurden ausgeschaltet. Wir haben in unserer Kalkulation einen Spielraum in der Größe des berechneten Wagnisses und des gewünschten Gewinns. Dieser Spielraum sollte es möglich machen, auch einmal eine schlechte Auftragsphase zu überstehen, ohne gleich vorschnell zu reagieren.

16.4 Die Zeitbewertung

In der Zeit, in der ein Mitarbeiter dem Betrieb zur Verfügung steht, sollte er für diesen auch produktiv tätig sein. Diese produktive Tätigkeit sollte nicht gefühlsmäßig, sondern mit vorhandenen Daten bewertet werden. Nur weil jemand ständig Überstunden macht und er anscheinend viel Arbeit auf seinem Platz hat, ist er noch lange nicht für den Betrieb effektiv tätig. Hier ist das Verhältnis zwischen der erwirtschafteten Leistung und der dafür benötigten Zeit zu betrachten. Wenn ein Betrieb eine Kalkulationsbasis für die Mitarbeiter aufgrund ihrer individuellen Bruttolöhne festlegt, sollte sichergestellt sein, dass die Mitarbeiter ihre Kalkulationsbasis auch kennen und wissen, dass diese zur Bewertung ihrer Arbeitsleistung genutzt wird. Es gibt zwei Möglichkeiten die Bewertung vorzunehmen:

1. Zeitwert/Zeitbewertung
2. Umsatz/Zeitbewertung

Bei der Zeitwert/Zeitbewertung werden die individuellen Zeitwerte für die Abrechnungspositionen während der Abrechnung innerhalb der EDV erfasst, addiert und mit der tatsächlichen Arbeitszeit verglichen. Dies kann monatlich oder zumindest jährlich geschehen.

Beispiel Die Auswertung der EDV-Daten ergab für den Zahntechniker Justus Ganselheimer für den Monat März abgerechnete Positionszeitwerte von 9720 Minuten. Seine betriebliche Anwesenheitszeit betrug 169 Stunden.

9720 Minuten : 60 Minuten = 162

Die Zeitwertermittlung ergab für den Monat März einen Zeitwert von 162 Stunden. Im Vergleich mit der Anwesenheitszeit ergibt sich hier ein Minus von sieben Stunden bzw. von rund vier Prozent. Hierbei ist zu berücksichtigen, dass nicht alle angefertigten Arbeiten schon abgerechnet sind. Unter diesem Gesichtspunkt ist ein Minus von rund vier Prozent unerheblich. Wichtig ist, wie es am Jahresende aussieht, wenn die kumulierten Monatswerte ein genaueres Urteil zulassen. Zum Jahresende sind bis auf geringfügige Ausnahmen alle Arbeiten abgerechnet und es gibt keine rechnerischen Unsicherheiten. Ein Aspekt muss aber in der Monats- und Jahresstatistik berücksichtigt werden. In der BEL 2 sind Abrechnungspositionen enthalten, in die bei der Überarbeitung der Liste andere Positionen eingeflossen sind. Es gibt z. B. nicht mehr den „Sägestumpf" als einzelne Position. Diese Position wurde in den Preis der Kronenpositionen integriert. In der Arbeitsvorbereitung wird zwar das komplette Sägemodell mit allen Sägestümpfen hergestellt, abgerechnet wird aber nur das Modell, während die Sägestümpfe über die Krone verrechnet werden. Hier muss der Technikerin oder dem Techniker, der die Krone fertigt, ein gewisser Teil, der dem Stumpf entspricht, abgezogen und der Arbeitsvorbereitung zugeschlagen werden. Für unseren Techniker Justus Ganselheimer bedeutet das im Modellgussbereich z. B., dass ihm ein Zuschlag für das Einarbeiten von Teleskopen in die von ihm gefertigten Modellgüsse zusteht. Das Einarbeiten wurde in die Position „1200 Teleskopierende Krone“ integriert. Dieser Zuschlag ist nicht unerheblich. In der Höhe sind die Kürzungen bzw. Zuschläge mit den Werten, wie sie vor der Zusammenlegung der Positionen bestanden haben, in Ansatz zu bringen. Wenn wir diese Dinge berücksichtigen, wird aus dem Minus von rund vier Prozent sicherlich ein Plus. Am Jahresende sollten die sich durch die Abrechnung ergebenden Zeitwerte weitestgehend der in Ansatz gebrachten Arbeitszeit entsprechen. Idealerweise liegen die summierten Zeitwerte über der in Ansatz gebrachten Arbeitszeit.

Die Umsatz-Zeitbewertung ist etwas leichter zu bewältigen als die Zeitwert-Zeitbewertung. Hier müssen nicht erst die individuellen Zeitwerte in die EDV eingepflegt werden, sondern es kann auf die in jeder Abrechnungssoftware vorhandenen Umsatzstatistiken der Mitarbeiter zurückgegriffen werden. In Kapitel 16.3 wurde das Thema Umsatzvorgabe behandelt. Hier geht es nun darum zu prüfen, ob und inwieweit diese Vorgaben erfüllt wurden. Wichtig ist jedoch, sich folgendes vor Augen zu halten:

Merksatz

Ein Mitarbeiter kann nur dann seine Umsatzvorgaben erfüllen, wenn ihm in ausreichender Menge Arbeit zur Verfügung gestellt wird. Auch der Betrieb muss sein Gesamtjahresumsatzsoll erreichen. Liegt der Betrieb hinter seinen Vorgaben zurück, können auch die Mitarbeiter ihre Vorgaben nicht erfüllen. Die dringlichste Aufgabe eines Unternehmers ist es, mit all seinen Möglichkeiten dafür zu sorgen, dass das Arbeitsaufkommen im Betrieb allen Mitarbeitern des Betriebs die Möglichkeit gibt, wirtschaftlich erfolgreich tätig zu sein.

Es liegt also nicht unbedingt an den Mitarbeitern, wenn Vorgaben nicht erfüllt werden. Es muss dann in erster Linie geprüft werden, warum die einzelnen Vorgaben nicht erfüllt wurden und wer es zu verantworten hat.

Die Berechnung der Umsatz-Zeitbewertung erfolgt folgendermaßen:

Formel

Umsatz : Kalkulationsbasis = Arbeitszeit in Minuten
Arbeitszeit in Minuten : 60 Minuten = Sollarbeitszeit in Stunden
Sollarbeitszeit – Istarbeitszeit = positiver / negativer Zeitwert

Am Ende des Geschäftsjahrs sollte nach Möglichkeit ein positiver Zeitwert erreicht sein.

Zahntechnikerin Heidi Glücklich / Kalkulationsbasis = 0,93 € / Min.
Umsatz im Monat März = 10.438 €
10.438 € : 0,93 € / Min. = 11.223,66 Minuten
11.223,66 Min. : 60 Min. = 187,1 Stunden
März = 168 Stunden / Istarbeitszeit laut Auswertung
187,1 Std. – 168 Std. = +19,1 Std.

Die Technikerin Heidi Glücklich hat im Monat März für 19,1 Stunden mehr Arbeit geleistet, als sie laut Stundenabrechnung müsste. Dieser positive Wert spricht für ihre Effizienz, d. h., sie war wirtschaftlich erfolgreich für den Betrieb tätig. Sie hat mehr Umsatz erwirtschaftet als vorgegeben wurde.

(168 Std. · 60 Min) · 0,93 € / Min. = 9374,40 €
Umsatz im Monat März = 10.438 €
10.438 € – 9374,40 € = 1063,60 €

Ein Mehrumsatz von 1063,60 Euro, das entspricht rund zehn Prozent, wurde erwirtschaftet. Auch hier ist zu berücksichtigen, dass noch nicht alle durchgeführten Arbeiten abgerechnet bzw. in der

EDV erfasst sind. Somit könnte das Plus auch noch etwas größer ausfallen. So können wir jeden einzelnen Monat individuell berechnen und uns die Leistung der Zahntechnikerin Heidi Glücklich in der folgenden Grafik anschauen.

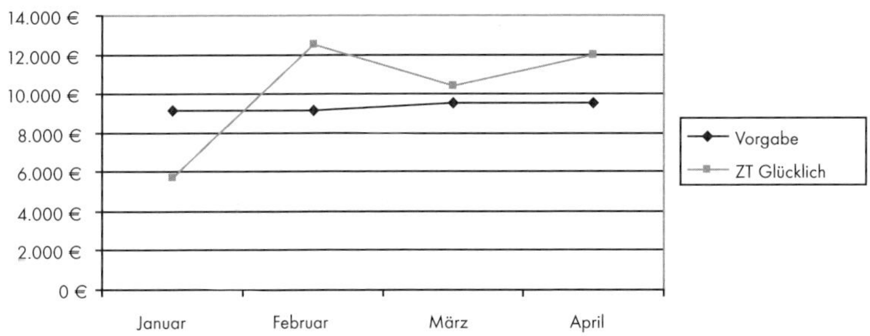

Die Umsatzentwicklung in den einzelnen Monaten spiegelt den Umsatzverlauf des Gesamtbetriebs wieder. Das Anlaufminus im Januar wird in den folgenden Monaten ausgeglichen und ein Plus für die Urlaubszeit und eventuelle andere Ausfallzeiten wird angesammelt. Wir können als Vorgabe auch einen Durchschnittswert auf Basis der Jahresarbeitszeit einsetzen.

218 Tage : 12 Monate = 18,17 Tage/Monat
18,17 Tage/Monat · 8 Std. – 145,36 Std./Monat
145,36 Std./Monat · 60 Min. = 8721,6 Min./Monat
8721,6 Min./Monat · 0,93 € = 8111,09 €

Da uns die Technikerin Heidi Glücklich ihre Arbeitskraft voraussichtlich an 218 Tagen im Jahr, verteilt auf 12 Monate, zur Verfügung stellt, muss sie, aufgrund ihres Gehalts und der Kosten unseres Musterbetriebs, einen durchschnittlichen Umsatz von 8111,09 Euro pro Monat erwirtschaften. Dies setzt voraus, dass sie in der Zeit, in der sie im Betrieb anwesend ist, einen höheren Umsatz erbringt, um die Ausfälle in der Urlaubszeit oder bei eventueller Krankheit zu kompensieren. Wichtig ist, dass am Jahresende die Umsatzvorgaben erreicht werden, da Verluste in diesem Bereich zu Lasten des Betriebs gehen. So wie in der folgenden Grafik dargestellt, können die Vorgaben und die erbrachten Leistungen eines jeden Mitarbeiters des Betriebs erfasst und verglichen werden. Dadurch wird ein zeitnaher Überblick über die Entwicklung des Betriebs im laufenden Geschäftsjahr gewonnen und es können rechtzeitig Maßnahmen zur Sicherung des Betriebserfolgs ergriffen werden.

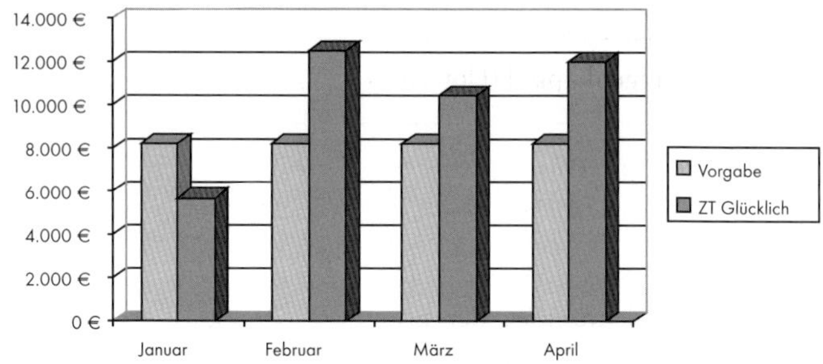

Auch hier müssen wieder die einzelnen Leistungen, die in anderen Leistungen innerhalb der BEL 2 verrechnet sind, dem wirklichen Erbringer zugeordnet werden. Dies ist für eine faire und glaubwürdige Bewertung eines Mitarbeiters unerlässlich. Auf Basis des vorhandenen Zahlenmaterials können dann auch leichter und objektiver Verhandlungen, z. B. über Gehaltserhöhungen, mit Mitarbeitern geführt werden.

17 Rentabilität

Die Rentabilität ist der Maßstab der Ertragskraft einer Unternehmung. Das Hauptziel jeder unternehmerischen Handlung oder Tätigkeit ist der Gewinn. Die Höhe des Jahresgewinns allein ist allerdings ohne Aussagekraft. Erst wenn wir den Gewinn zum eingesetzten Kapital oder zum Umsatz in Beziehung setzen, erhalten wir Auskunft darüber, ob sich der Einsatz des Kapitals gelohnt hat. Da sich das Gesamtkapital aus Eigenkapital (Unternehmerkapital, Beteiligungskapital) und Fremdkapital (Gläubigerkapital) zusammensetzt, unterscheiden wir zwischen der Gesamtkapitalrentabilität und der Eigenkapitalrentabilität. Die Rentabilität, also das Verhältnis des Gewinns zum Eigenkapital, zum Gesamtkapital oder zum Umsatz, ist ein wichtiger Maßstab für die Beurteilung der Ertragskraft eines Unternehmens. Zu unterscheiden ist deshalb:

Gesamtkapitalrentabilität (Unternehmungsrentabilität)
Eigenkapitalrentabilität (Unternehmerrentabilität)
Umsatzrentabilität (Umsatzverdienstrate)

Für die Berechnung ergeben sich nachfolgende Formeln:

Formel

$$\text{Gesamtkapitalrentabilität} = \frac{\text{Gewinn} + \text{Fremdkapitalzinsen} \cdot 100\,\%}{\text{Gesamtkapital}}$$

Beispiel

Gewinn = 60.000 €
Fremdkapitalzinsen = 5500 €
Gesamtkapital = 125.000 €

$$\frac{60.000\text{ €} + 5500\text{ €} \cdot 100\,\%}{125.000\text{ €}} = 52{,}4\,\%$$

Die Gesamtkapitalrentabilität beträgt in diesem Fall 52,4 %.

$$\textbf{Eigenkapitalrentabilität} = \frac{\text{Gewinn} \cdot 100\,\%}{\text{Eigenkapital}}$$

Beispiel:

Gewinn = 60.000 €

Eigenkapital = 25.000 €

$$\frac{60.000\text{ €}}{25.000\text{ €}} \cdot 100\,\% = 240\,\%$$

Die Eigenkapitalrentabilität beträgt in diesem Fall 240 %.

Je höher der Gewinn und je kleiner das Gesamtkapital bzw. das Eigenkapital ist, desto höher ist die Rentabilität des Eigenkapitals und des Gesamtkapitals.

$$\textbf{Umsatzrentabilität} = \frac{\text{Gewinn} \cdot 100\,\%}{\text{Umsatz}}$$

Beispiel

Gewinn = 60.000 €

Umsatz = 550.000 €

$$\frac{60.000\text{ €}}{550.000\text{ €}} \cdot 100\,\% = 10{,}9\,\%$$

Die Umsatzrentabilität beträgt in diesem Fall 10,9 %.

Die Umsatzrentabilität zeigt auf, wieviel Prozent Gewinn der Umsatz in einem Abrechnungszeitraum abwirft. Die Umsatzrentabilität kann als wichtigste Kennzahl angesehen werden.

Die Kennzahlen für die Rentabilität werden in der Regel einmal im Jahr, im Anschluss an den Jahresabschluss, errechnet. Die Kennzahlen sind für den innerbetrieblichen und den zwischenbetrieblichen Vergleich eine unabdingbare Voraussetzung. Sie stellen eine Basis für unternehmerische Entscheidungen dar. Ihre Verwertbarkeit und ihre Aussagefähigkeit erhöhen sich, wenn sie im Rahmen des innerbetrieblichen Vergleichs früheren Kennzahlen gegenübergestellt und im zwischenbetrieblichen Vergleich mit Branchenkennzahlen verglichen werden.

17.1 Cash flow

Der Cash flow stammt aus den USA und ist eine Messziffer für die Selbstfinanzierung eines Unternehmens. Der Cash flow gibt an, welche selbsterwirtschafteten Mittel dem Unternehmen für die Schuldentilgung, für Investitionen und die Gewinnausschüttung frei zur Verfügung stehen. Der Cash flow setzt sich zusammen aus:

Jahresüberschuss
+ Abschreibungen (Abschreibungsrückfluss)
+ Zuführungen zu Pensionsrückstellungen (Sozialkapital)
= Cash flow

Der Cash flow ist der Maßstab für die Ertrags- und Selbstfinanzierungskraft des Unternehmens. Aus der Höhe und der Entwicklung des Cash flow können Rückschlüsse auf die Ertragskraft, Selbstfinanzierungskraft, Expansionsfähigkeit und die Kreditwürdigkeit des Unternehmens gezogen werden. Sehr aussagefähig ist der Cash flow, wenn wir ihn zu den Umsatzerlösen in Beziehung setzen. Wir erhalten dann die Cash flow-Umsatzverdienstrate.

$$\text{Cash flow-Umsatzverdienstrate} = \frac{\text{Cash flow} \cdot 100\,\%}{\text{Umsatz}}$$

Formel

Die Cash flow-Umsatzverdienstrate lässt erkennen, wie viel Prozent der Umsatzerlöse frei für Investitionen, Kredittilgung und Dividendenausschüttung zur Verfügung steht. Der Cash flow ist deshalb aussagefähiger als die rein gewinnorientierten Rentabilitätskennziffern.

17.2 Arbeitsproduktivität

Die Arbeitsproduktivität gibt Auskunft über den Anteil jedes Mitarbeiters des Betriebs an der Gesamtleistung bzw. des Gesamtumsatzes des Unternehmens.

Formel

$$\frac{\text{Arbeitsproduktivität}}{\text{Beschäftigtenzahl}} = \text{Gesamtumsatz}$$

$$\frac{550.000\ €}{12} = 45.833{,}33\ € = \text{Arbeitsproduktivität je Mitarbeiter}$$

Die Arbeitsproduktivität steht im engen Zusammenhang mit den Personalkosten. Eine größere Erhöhung der Personalkosten sollte immer eine Erhöhung der Arbeitsproduktivität nach sich ziehen.

18 BEB oder PLZ

Die Bundeseinheitliche Benennungsliste, kurz BEB 97, ist den meisten als Grundlage für die Erstellung einer Abrechnungsliste für Privatleistungen bekannt. Sie wurde vom Bundesinnungsverband, dem VDZI, herausgegeben. Sie beinhaltet Abrechnungspositionen mit den dazugehörigen Planzeiten, die durch REFA-Studien ermittelt wuden. Weniger bekannt ist das „Private Leistungsverzeichnis für Zahntechniker“ kurz PLZ genannt. Das PLZ wurde als Leistungspunktekatalog auf Basis der BEB 90, im Auftrag der niedersächsischen Zahntechnikerinnung (NZI) im Jahr 1991 für die niedersächsischen Laboratorien erstellt. Maßgeblich daran beteiligt waren die Zahntechnikermeister Lutz Wolf (Osnabrück), Günther Heidorn (Hannover), Kurt Wassermann (Oldenburg) und Jürgen Schwichtenberg (Osnabrück). Der Ausgangsgedanke war, dass die Entwicklung in der Zahntechnik in den vorangegangenen Jahren neue technische Verfahren erschlossen, anspruchsvollere Präzisionsnormen geschaffen und in Verbindung mit wissenschaftlichen Kenntniserweiterungen zum Einsatz von weitergehenden Geräten, Materialien und handwerklichen Techniken geführt hat.

Diese Entwicklung ist bis heute noch nicht abgeschlossen und macht daher den Gedanken des PLZ wichtiger denn je. Die Entwickler des PLZ hatten erkannt, dass die BEB in ihrer damaligen Form und – was auch heute noch auf sie zutrifft – der anspruchsvollen Entwicklung im Zahntechnikerhandwerk bzw. der Zahnmedizin nicht gerecht wird. Sie verdeutlichten vielmehr, dass mit der Einführung neuer Techniken, Geräte und Materialien eine erhöhte Qualifikation der Zahntechniker/innen, ein erhöhter Geräte- oder Instrumenteneinsatz sowie ein erhöhter Materialeinsatz einhergeht und dieser Aspekt besonders berücksichtigt werden muss. Dieser Mehraufwand auf der einen Seite muss unbedingt in der Kalkulation der Preise auf der anderen Seite berücksichtigt werden. Diese Erkenntnis und ihre Vorschläge zur Umsetzung sind bei der rasanten Entwicklung im technischen Bereich des Zahntechnikerhandwerks in den letzten Jahren aktueller denn je. Durch individuelle Zeitzuschläge werden hier die erhöhte Qualifikation und der erhöhte Geräte- und Materialeinsatz berücksichtigt. In den Nummern und im Text unterscheiden sich BEB und PLZ nur geringfügig. Nehmen wir als Beispiel die Nummer 5105 „Laserschweißen unter Argon 99 %“. Die Nummer und der Text sind in beiden Listen identisch.

Planzeit = 12 Min. (PLZ)	**14 Min. (BEB)**
Zuschlag für erhöhte Qualifikation =	**10 Min. (PLZ)**
Zuschlag für erhöhten Geräteeinsatz =	**10 Min. (PLZ)**

Die Planzeit ist zwar in der BEB etwas höher als im PLZ, dafür sind aber keine Zuschläge vorgesehen. Wie in der BEB muss im PLZ ein Aufschlag für die Verteilzeit in Höhe von 25 % verrechnet werden. Ausgenommen davon sind die Zuschläge, die werden netto verrechnet. Für diese Position sehe ich die Zuschläge auch als äußerst notwendig an, da der Kauf eines Lasers nicht ganz billig ist und eine zusätzliche überbetriebliche Ausbildung zumindest eines Mitarbeiters notwendig macht. Es gibt viele Positionen innerhalb der BEB, für die Zuschläge notwendig wären. Nehmen wir nur den ganzen titanverarbeitenden Bereich oder die Entwicklung mit Zirkonoxyd. Ich würde mir wünschen, dass sich wieder eine Arbeitsgruppe innerhalb des VDZI oder der einzelnen angeschlossenen Innungen bildet und dieses Thema erneut aufnimmt. An dieser Stelle kann ich nur den Männern der ersten Arbeitsgruppe meine Anerkennung für ihre Weitsicht und die geleistete Arbeit aussprechen.

19 Die Kalkulation in der Meistermappe

Die Erstellung der Kalkulation innerhalb der Meistermappe stellt ein wichtiges Kriterium zur Beurteilung der kaufmännischen Kenntnisse des zukünftigen Zahntechnikermeisters dar. In Zukunft wird nicht mehr ausschließlich sein fachliches Können für den Betrieb von Wert sein, sondern auch seine betriebswirtschaftlichen Kenntnisse und deren Umsetzung in das tägliche Geschehen. Ein sicherer Umgang mit der BEB 97 und ihre Anwendung bei der Aufstellung eines Kostenvoranschlags sind für jeden Betrieb von äußerster Wichtigkeit. Elementare Kenntnisse innerhalb der Kalkulation sind für zukünftige Zahntechnikermeister unabdingbar. Diese Punkte spiegeln sich innerhalb der Meistermappe in der Kalkulation der anzufertigenden Arbeiten wider. Jeder angehende Zahntechnikermeister sollte deshalb während seiner Vorbereitung auf die Prüfung mit der nötigen Sorgfalt die wichtigsten Grundlagen der Kalkulation erlernen und den Umgang mit ihnen beherrschen. Fehler in der Ausbildung bzw. in der Vorbereitung auf die Kostenrechnung und Kalkulation gehen später zu Lasten des Betriebs. Das Verhältnis zwischen Zeit, Leistung und Preis wird in diesem Fall oftmals nicht richtig gewertet und es kommt zwangsläufig zu Fehlentscheidungen. Die nachfolgenden Ausführungen über die Gestaltung der Kalkulation in der Meistermappe sollen noch einmal die Notwendigkeit der kaufmännischen Ausbildung verdeutlichen und als Hilfestellung für die Erstellung der Meistermappe dienen. Der Aufbau der Kalkulation in der Meistermappe kann immer nach dem gleichen Schema durchgeführt werden:

1. Erläuterung der Aufgabenstellung
2. Zeitbemessung der anzufertigenden Arbeit
3. Grundlagen der Kalkulation (z. B. Kostenabrechnungsbogen, Formeln, allgemeine Berechnungen)
4. Kalkulation der anzufertigenden Arbeit

In der Kalkulation muss immer ersichtlich sein, woher Werte kommen oder wo sie entnommen sind. Die Berechnungen müssen für Dritte problemlos nachvollziehbar sein.

19.1 Erläuterung der Aufgabenstellung

Die Erläuterung der Aufgabenstellung sollte Aussagen über Modelle, den Artikulator, den Status und die Bestandteile der Konstruktion machen. Alles sollte übersichtlich gegliedert sein. Ein markantes Schriftbild kann das Aussehen der Mappe verbessern.

19.1.1 Die Kombiarbeit

Eine partielle Modellgussprothese unter Verwendung von feinmechanischen Halte-, Druck- und Schubverteilungselementen, fehlende Zähne in Kunststoff fertiggestellt.

Modell:

Oberes Superhartgipsmodell mit herausnehmbaren, aber nicht verschraubten Kunststoffstümpfen. Die Pins der Stümpfe dürfen keine Kunststoffstops haben.

Die Modellmontage muss eine Split-Cast-Kontrolle ermöglichen.

Artikulator :

Teiljustierbarer Artikulator mit einstellbarer Gelenkbahnneigung und einstellbarem Bennettwinkel (z. B. SAM , Whip-Mix, o. ä.).

Status:

Beschliffene Zähne:	26, 23, 14, 15
Fehlende Zähne:	25, 24, 21, 11, 16, 17
Unbeschliffene Zähne:	27, 22, 12, 13

Arbeit:

Obere Modellgusskonstruktion ohne Radierung aus Co-Cr-Mo-Legierung, wobei die Verbindungselemente aus Edelmetall mit dem Modellguss verlötet sein müssen.

Die Gestaltung der gesamten Arbeit muss unter Beachtung von:

- biodynamischen (Okklusions-/Artikulationsgestaltung)
- parodontalhygienischen
- ästhetischen
- funktionellen

Gesichtspunkten ein Optimum erreichen.
Die Zahnstellung muss dem Situationsmodell entsprechen.

Nach Beschluss der Meisterprüfungskommission müssen in der Konstruktion enthalten sein:

1. Ein Riegel (Dreh- oder Schwenkriegel).
2. Ein individuell gefräster Steg.
3. Zwei VMK-Kronen mit RSS-Geschiebe und Metallkaufläche.
4. Eine VMK-Krone mit Schubverteilungsarm.
5. Ein Ringteleskop.
6. Zwei zu ersetzende Zähne mit mattierten Metallkauflächen.
7. Zwei zu ersetzende Frontzähne mit Rückenschutzplatte und individueller Kunststoffverblendung.

Die zu ersetzenden Molaren als individuelle Keramikzähne können vorher angefertigt werden. Der Riegel ist individuell zu fertigen. Es dürfen keine Fertigteile oder vorgefertigte Teile oder Hilfsteile verwendet werden. Erlaubt ist das Drehriegelhilfsteil nach Suraschek. Zur Anzeichnung des Riegelblatts kann ein zweites Situationsmodell verwendet werden.

Zahnfarbe: A 3
Der Musterzahn muss mit der fertigen Arbeit abgegeben werden. Ein Vorwall vom Situationsmodell darf nur die Vestibulärflächen umfassen.

19.1.2 Die Brücke

Eine zehngliedrige, keramisch verblendete Brücke, geteilt, mit Brückengeschieben verbunden.

Modell:
Unteres Superhartgipsmodell mit herausnehmbaren, aber nicht verschraubten Kunststoffstümpfen. Die Pins der Stümpfe dürfen keine Kunststoffstops haben.

Die Modellmontage muss eine Split-Cast-Kontolle ermöglichen (System freigestellt).

Artikulator:
Teiljustierbarer Artikulator mit einstellbarer Kondylenbahnneigung und einstellbarem Bennettwinkel (z. B. SAM, Whip-Mix , o. ä.).

Status:

Beschliffene Zähne:	34, 33, 42, 43, 44, 46
Fehlende Zähne:	32, 31, 41, 45
Unbeschliffene Zähne:	37, 36, 35, 47

Arbeit:
Das Lückengebiss soll mittels einer keramisch verblendeten Brücke zu einer geschlossenen Zahnreihe ergänzt werden. Die Gestaltung der gesamten Arbeiten muss unter Beachtung von

- biodynamischen (Kauflächengestaltung)
- parodontalhygienischen (Putzbarkeit)
- ästhetischen

Gesichtspunkten ein Optimum erreichen.

Außerdem wird aus funktionellen Gesichtspunkten eine Front-Eckzahnführung gefordert. Die Zahnstellung muss dem Situationsmodell entsprechen.

Nach Beschluss der Meisterprüfungskommission müssen in der Konstruktion enthalten sein:

1. Fünf VMK-Kronen, davon drei mit gebrannter Schulter.
2. Eine Teilkrone, Kaufläche in Metall, mattiert.
3. Vier Brückenglieder tangential aufliegend.

4. Eine individuelle Verschraubung bei 45.
5. Zwischen 33 - 34 ein Geschiebe zur möglichen späteren Erweiterung.

Außer der Teilkrone alle Kauflächen keramisch verblendet.

Zahnfarbe: Vita A 3
Der Musterzahn muss mit der fertigen Arbeit abgegeben werden.

Ein Vorwall vom Situationsmodell darf nur die Vestibulärflächen umfassen, da die Kauflächen modelliert werden müssen.

19.1.3 Die totalen Prothesen

Je eine totale Ober- und Unterkieferprothese nach vorgegebenen, nachmessbaren Werten, fertiggestellt und remontiert im Mittelwertartikulator. Die Modelle müssen mit einem Split-Cast-Sockel mit herausnehmbarem Magneten versehen sein. Das Zahnfleisch muss im OK-Frontbereich anatomisch gestaltet sein, außerdem sind in der OK-Prothese Gaumenfalten anzubringen.

Vorgeschriebene Methode: APF
Die Bissschablone, Kalotte sowie der Einrichtschlüssel müssen mit abgegeben werden.

Zahnform:	Fa. De Trey dentsply	L 46 oder	L 63 oder	L 64
	Bio Plus: entweder	U42	U 53	U53
	Artiplus:	31	34	34

19.1.4 Das KFO-Gerät

Arbeit:
Ein U-Bügel-Aktivator nach Karwetzky, Modelle im Fixator. Modelluntersuchung (dreidimensionaler Gebissbefund). Es dürfen keine konfektionierten Teile verwendet werden.

Die Modelle und Konstruktionszeichnungen werden am ersten Tage der Prüfung ausgehändigt. Mitzubringen sind das erforderliche Werkzeug (z. B. Zangen und Kunststoff), außerdem Drähte (0,7 mm federhart, 0,9 mm federhart, 1,2 mm federhart).

Aus organisatorischen Gründen muss das KFO-Gerät am ersten Prüfungstag abgegeben werden.

Auf die Konstruktion dieser Arbeiten und die damit verbundenen Konstruktionszeichnungen möchte ich hier nicht eingehen. Die Zeitbemessung der Arbeiten stellt den nächsten Arbeitsschritt dar. Die Zeitkalkulation der Prüfungsarbeiten sollte sich aus meiner Sicht an einer in der späteren Praxis – für Kostenvoranschläge – notwendigen Arbeitsweise orientieren.

Die nachfolgende Aufstellung ist für mich ein deutliches, negatives Beispiel für die Zeitbemessung einer Arbeit, weil sie so in der täglichen Arbeit keine Anwendung finden kann.

19.2 Die Zeitbemessung

Zeitkalkulation für eine zehngliedrige keramisch verblendete Brücke, geteilt, mit Brückengeschieben verbunden.

1.	**Rüstzeit**		**20 Min.**
2.	**Vorbereiten zur Modellation**		**10 Min.**
3.	**Erste Modellation**		
3.1	4 Kronen, 3 Brückenglieder	90 Min.	
3.2	1 Teilkrone für Keramikverblendung	20 Min.	
3.3	2 Primärteile für Geschiebe	60 Min.	
3.4	Anstiften und einbetten	30 Min.	200 Min.
4.	**Gießen und ausbetten**	**30 Min.**	
4.1	Aufpassen	45 Min.	
4.2	Ausarbeiten der Verblendflächen und der Teilkrone	95 Min.	

4.3	Herstellen eines Frässockels und Fräsen der Geschiebe, Führungsrille zur Aufnahme des Sekundärteils	75 Min.	
4.4	Gummieren und polieren	25 Min.	270 Min.
5.	**Zwischenkontrolle**		**10 Min.**
6.	**Zweite Modellation**		
6.1	1 Teilkrone für Keramikverblendung	20 Min.	
6.2	1 Brückenglied	15 Min.	
6.3	2 Sekundärteile für Geschiebe, 1 davon vorbereiten für Verschraubung	60 Min.	
6.4	Anstiften und einbetten	30 Min.	125 Min.
7.	**Gießen und ausbetten**	**30 Min.**	
7.1	Aufpassen	45 Min.	
7.2	Ausarbeiten der Verblendflächen	30 Min.	
7.3	Bohrung für Verschraubung und schneiden des Gewindes	60 Min.	165 Min.
8.	**Rüstzeit**		**30 Min.**
9.	**Keramikverblendungen**		**700 Min.**
10.	**Endpolitur**		**60 Min.**
11.	**Reinigung und Endkontrolle**		**45 Min.**
12.	**Verteilzeit**		**45 Min.**
Gesamt:			**1680 Min.**
			= 28 Stunden

In vielen Meistermappen ist die Zeitkalkulation leider noch so zu finden. Von diesem angehenden Meister kann wohl kaum erwartet werden, dass er in der Lage ist, im Laboralltag einen exakten Kostenvoranschlag zu erstellen. Hier ist zu erkennen, dass der Prüfling den Umgang mit der BEB 97 nicht beherrscht. Bei einer sicheren Umsetzung der BEB 97 würde die Zeitkalkulation wie folgt aussehen:

19.2.1 Die geteilte Unterkieferbrücke

BEB-Nr	Bezeichnung	Anzahl	Min.	Min. ges.
2104	Dreiviertelkrone	1	68	68
2122	Gusskrone für Keramikverblendung	5	54	270
2314	Brückenglied für Keramikverblendung	4	3	12
2914	Approximaler Kontakt	3	4	12
3501	Konfektionsgeschiebe extrakoronal	1	15	15
2801	Kaufläche gnathologisch	4	22	88
3905	Verschraubung	1	40	40
2612	Verblendung Keramik	9	76	684
2675	Keramikschulter	3	22	66
3103	Teilfräsung	1	10	10
3602	Konfektionsgeschiebe sekundär	1	20	20
3021	Indiv. Geschiebe primär	1	55	55
3105	Geschiebefräsung	1	20	20
3211	Indiv. Geschiebe sekundär	1	50	50
		Gesamt:	1410 Min.	

19.2.2 Die kombinierte Oberkieferprothese

BEB-Nr	Bezeichnung	Anzahl	Min.	Min. ges.
3001	Teleskopkrone primär	1	55	55
3201	Teleskopkrone sekundär	1	71	71
2122	Krone für Keramikteilverblendung	3	65	195
2611	Teilverblendung Keramik	3	59	177
3022	Lager für Geschiebe	2	18	36
3025	Umlaufraste für Schubverteilungsarm	1	10	10
3031	Indiv. Steg Grundeinheit	1	38	38
3032	Indiv. Steg Längeneinheit	2	8	16
3101	Umlaufende Fräsung	1	11	11
3102	RSS-Fräsung	2	22	44
3103	Teilfräsung	1	10	10
3104	Stegfräsung	2	10	20

3106	Bohrung für Friktionsstifte	4	8	32
3212	RSS-Geschiebe sekundär	2	56	112
3215	Schubverteilungsarm	1	20	20
3221	Individuelles Steggeschiebe	2	48	96
3303	Ind Sek.teil an / in Brückenkörper	1	15	15
3322	Sekundärteil an Metallbasis	1	34	34
3401	Drehriegel	1	156	156
3902	Ind. Friktionselement in Sek.teil	4	24	96
3903	Friktionsstift	4	8	32
4002	Metallbasis OK	1	97	97
4902	Rückenschutzplatte f. Kustoverbl. Frontz.	2	35	70
4903	Rückenschutzplatte f. Kustoverbl. Seitenz.	2	40	80
5005	Lötung 5	2	14	28
5004	Lötung 4	4	12	48
5101	Lötfreie Verbindung Primärteil	3	6	18
5102	Lötfreie Verbindung Sekundärteil	3	9	27
6001	Aufstellung auf Metallbasis	1	27	27
6003	Aufstellung auf Metallbasis je Zahn	2	7	14
6311	Fertigstellung Metallbasis	1	35	35
6312	Fertigstellung Metallbasis je Zahn	2	5	10
6481	Reokkludieren einer Prothese	1	5	5
2601	Teilverblendung aus Kunststoff	4	37	148
2801	Kaufl. gnathol. in Metall	5	22	110
2803	Frontz. gnathol. in Metall	3	14	42
0014	Lötmodell	2	8	16
0019	Frässockel	1	9	9
0115	Frässtumpf aus Kunststoff	4	6	24
0303	Modell ausblocken	1	3	3
1251	Vorwall	1	4	4
		Gesamt:	2091 Min.	

19.2.3 Die totale Prothese

BEB-Nr	Bezeichnung	Anzahl	Min.	Min. ges.
6001	Aufstellung auf Wachsbasis Grundeinh.	2	27	54
6004	Aufstellung auf Wachsbasis je Zahn	28	8	224
6301	Fertigstellung Grundeinheit	2	60	120
6302	Fertigstellung je Zahn	28	3	84
6411	Spezialpressverfahren	2	30	60
6441	Charakterisieren einer Basis	2	35	70
6142	Systemaufstellung	1	55	55
6481	Reokkludieren	2	5	10
6483	Selektives Einschleifen	2	31	62
0307	Radieren eines Abschlussrands	1	3	3
			Gesamt:	**742 Min**

Wie sich erkennen lässt, ergibt sich die Zeitkalkulation bzw. die notwendige Postenauflistung aus den einzelnen Abrechnungspositionen der BEB 97. Diese steht in direktem Zusammenhang mit der späteren Rechnungslegung, da auch diese sich auf die BEB 97 bezieht. Die angegebenen Zeiten sind den Vorschlägen des VDZI zur BEB 97 entnommen. Wenn die Zeitkalkulation erstellt worden ist, müssen die Grundlagen für die Kalkulation der einzelnen Arbeiten erläutert werden. Es muss sichergestellt sein, dass jede Berechnung nachgeprüft werden kann und die Herkunft der angegebenen Werte für jeden ersichtlich ist. Daher sollte hier nun ein Kostenabrechnungsbogen und die allgemeinen Berechnungsformeln erscheinen.

19.3 Grundlagen der Kalkulation

Kostenabrechnungsbogen Name: Datum:

Kostenarten	%	€
1. Materialkosten		
a) Verbrauchsmaterial	**4,9**	
b) Verkaufsmaterial	**14,2**	
Summe Material	**19,1**	
2. Personalkosten		
a) Fertigungslöhne	**31,2**	
b) Gemeinkostenlöhne	**10,3**	
c) Gehälter	**6,8**	
d) Sozialkostenzuschlag	**13,2**	
Summe Personalkosten	**61,5**	
3. Raumkosten		
a) Miete	**2,2**	
b) Energie	**1,2**	
c) Instandhaltung	**0,6**	
Summe Raumkosten	**4,0**	
4. Steuern/Gebühren/Beiträge/Zinsen	**3,4**	
5. Kalkulatorische Kosten		
a) Kalkulatorische Abschreibung	**1,5**	
b) Kalkulatorische Zinsen	**1,0**	
c) Kalkulatorischer Unternehmerlohn	**3,1**	
Summe kalkulatorische Kosten	**5,6**	
6. Fahrzeuge/Werbekosten/Reparaturen/GWG	**3,3**	
7. Bürokosten/Porto/Telefon/Leasing/sonstige Kosten	**3,1**	
Summe Kosten	**100,00**	

19.3.1 Allgemeine Formel zur Berechnung des Stundenlohns

Berechnung des Stundenlohns:

Arbeitstage pro Jahr :	215 Tage
Arbeitszeit pro Tag :	8 Stunden

$$\frac{215 \text{ Tage} \cdot 8 \text{ Std.}}{12 \text{ Monate}} = 143{,}33 \text{ Std. Monat}$$

Bruttomonatslohn = 3000 €

Formel

$$\frac{\text{Bruttolohn}}{\text{Std. pro Monat}} = \text{Stundenlohn}$$

$$\frac{3000\text{ €}}{143{,}33 \text{ Std.}} = 20{,}93\text{ € Std.}$$

Der Stundenlohn beträgt 20,93 € pro Stunde .

19.3.2 Allgemeine Formeln zur Kostenkalkulation

Lohngemeinkostenzuschlag:

$$\frac{\text{Gemeinkostenlöhne} + \text{Gehälter} + \text{Sozialkosten}}{\text{Fertigungslöhne}} \cdot 100 = \%$$

Formel **Fertigungsverbrauchsmaterialzuschlag:**

$$\frac{\text{Verbrauchsmaterial}}{\text{Fertigungslöhne}} \cdot 100 = \%$$

Formel **Gemeinkostenzuschlag:**

$$\frac{\text{Gemeinkosten}}{\text{Fertigungslöhne}} \cdot 100 = \%$$

Formel **Zuschlag für kalkulatorische Kosten:**

$$\frac{\text{Kalkulatorische Kosten}}{\text{Fertigungslöhne}} \cdot 100 = \%$$

Allgemeine Formeln zur Kostenkalkulation

Die für die Errechnung der Zuschläge notwendigen Zahlen können dem Kostenabrechnungsbogen entnommen werden.

Lohngemeinkostenzuschlag:

$$\frac{6{,}8\,\% + 10{,}3\,\% + 13{,}2\,\%}{31{,}2\,\%} \cdot 100 = 97{,}1\,\%$$

Fertigungsverbrauchsmaterialzuschlag:

$$\frac{4{,}9\,\%}{31{,}2\,\%} \cdot 100 = 15{,}7\,\%$$

Gemeinkostenzuschlag:

$$\frac{4{,}0\,\% + 3{,}4\,\% + 3{,}3\,\% + 3{,}1\,\%}{31{,}2\,\%} \cdot 100 = 44{,}2\,\%$$

Zuschlag für kalkulatorische Kosten:

$$\frac{5{,}6\,\%}{31{,}2\,\%} \cdot 100 = 17{,}9\,\%$$

19.4 Kalkulation der anzufertigenden Arbeiten

Nach Festlegung der allgemeinen Parameter für die Kalkulation erfolgt nun die eigentliche Berechnung des Verkaufspreises der anzufertigenden Arbeiten.

19.4.1 Die geteilte Unterkieferbrücke

Berechnung des Fertigungslohns:

$$\frac{\text{Stundenlohn} \cdot \text{Arbeitszeit in Min.}}{60\text{ Min.}} = \text{Fertigungslohn}$$

Formel

$$\frac{20{,}93\text{ €} \cdot 1410\text{ Min.}}{60\text{ Min.}} = 491{,}86\text{ €}$$

Zuschlagskalkulation für zahntechnische Leistungen

Fertigungslohn		491,86 €
+ Lohngemeinkostenzuschlag	(97,1 % des Fertigungslohns)	477,60 €
+ Fertigungsverbrauchsmaterial	(15,7 % des Fertigungslohns)	77,22 €
+ Gemeinkostenzuschlag	(44,2 % des Fertigungslohns)	217,40 €
= Herstellungskosten		1264,08 €
+ kalkulatorische Kosten	(17,9 % des Fertigungslohns)	88,04 €
= Selbstkosten		1352,12 €
+ Wagnisaufschlag	(5 % der Selbstkosten)	67,61 €
+ Gewinnaufschlag	(20 % der Selbstkosten)	270,42 €
= Verkaufspreis der zahntechnischen Leistung		1690,15 €
+ Verkaufsmaterial		
+ 7 % Mehrwertsteuer		
= Bruttopreis		

19.4.2 Die kombinierte Oberkieferprothese

Berechnung des Fertigungslohns:

Formel

$$\frac{\textbf{Stundenlohn} \cdot \textbf{Arbeitszeit in Min.}}{\textbf{60 Min.}} = \textbf{Fertigungslohn}$$

$$\frac{20{,}93\ € \cdot 2091\ \text{Min.}}{60\ \text{Min.}} = 729{,}41\ €$$

Zuschlagskalkulation für zahntechnische Leistungen

Fertigungslohn		729,41 €
+ Lohngemeinkostenzuschlag	(97,1 % des Fertigungslohns)	708,26 €
+ Fertigungsverbrauchsmaterial	(15,7 % des Fertigungslohns)	114,52 €
+ Gemeinkostenzuschlag	(44,2 % des Fertigungslohns)	322,40 €
= Herstellungskosten		1874,59 €
+ kalkulatorische Kosten	(17,9 % des Fertigungslohns)	130,56 €
= Selbstkosten		2005,15 €
+ Wagnisaufschlag	(5 % der Selbstkosten)	100,26 €

+ Gewinnaufschlag	(20 % der Selbstkosten)	401,03 €
= Verkaufspreis der zahntechnischen Leistung		2506,44 €
+ Verkaufsmaterial		
+ 7 % Mehrwertsteuer		
= Bruttopreis		

19.4.3 Die totale Prothese

Berechnung des Fertigungslohns:

$$\frac{\textbf{Stundenlohn} \cdot \textbf{Arbeitszeit in Minuten}}{\textbf{60 Minuten}} = \textbf{Fertigungslohn}$$

Formel

$$\frac{20{,}93\ € \cdot 742\ \text{Minuten}}{60\ \text{Minuten}} = 258{,}83\ €$$

Zuschlagskalkulation für zahntechnische Leistungen

Fertigungslohn		258,83 €
+ Lohngemeinkostenzuschlag	(97,1 % des Fertigungslohns)	251,32 €
+ Fertigungsverbrauchsmaterial	(15,7 % des Fertigungslohns)	40,64 €
+ Gemeinkostenzuschlag	(44,2 % des Fertigungslohns)	114,40 €
= Herstellungskosten		665,19 €
+ Kalkulatorische Kosten	(17,9 % des Fertigungslohns)	46,33 €
= Selbstkosten		711,52 €
+ Wagnisaufschlag	(5 % der Selbstkosten)	35,58 €
+ Gewinnaufschlag	(20% der Selbstkosten)	142,30 €
= Verkaufspreis der zahntechnischen Leistung		889,40 €
+ Verkaufsmaterial		
+ 7 % Mehrwertsteuer		
= Bruttopreis		

Eine vom Prüfling in der aufgezeigten Weise erstellte Eigenkalkulation erfüllt alle Anforderungen des aktuellen Markts. Alle Berechnungen sind überprüfbar und klar gegliedert. Nachfolgend möchte ich noch ein Beispiel für eine Eigenkalkulation geben, welche immer wieder in Meistermappen auftaucht, mit einer marktgerechten Kalkulation aber nichts zu tun hat. Eigenkalkulation für eine zehngliedrige keramisch verblendete Brücke, geteilt mit Brückengeschieben verbunden.

Menge	Bezeichnung	Einzel-Wert	Leistung
	Arbeitslohn		
28	Arbeitsstunden	32 €	896 €
+ 205 %	Lohngemeinkostenzuschlag	896 €	1836,80 €
=	Lohnkosten		2732,80 €
+	Material		
1	Schraube	42,75 €	42,75 €
3	Keramikschulter	56 €	168 €
+ 25 %	Materialgemeinkostenzuschlag	210,75 €	52,69 €
=	Materialkosten		263,44 €
=	Selbstkosten		2996,24 €
+ 20 %	Gewinn	2996,24 €	599,25 €
=	Nettobetrag		3595,49 €
+ 2 %	Risiko	3595,49 €	71,91 €
=	Gesamtbetrag		3667,40 €
+ 7 %	Mehrwertsteuer	3667,40 €	256,72 €
=	Bruttobetrag		3924,12 €

Diese Kalkulation ist unbrauchbar. So wie sie hier vorliegt, ohne irgendwelche weitergehenden Erläuterungen, habe ich sie in einer Meistermappe vorgefunden. Woher kommen die 32 Euro Stundenlohn? Wie kommt es zu einem Lohngemeinkostenzuschlag von 205 %? Warum ist die Position Keramikschulter im Materialbereich berechnet?

Was hat das Verkaufsmaterial (Schraube) mit den Selbstkosten zu tun?

Fragen über Fragen und doch keine schlüssigen Antworten. In dieser Eigenkalkulation spiegelt sich der gesamte Missstand in der kaufmännischen Ausbildung des Prüflings wider. Grundsätzliche Zusammenhänge sind eindeutig nicht verstanden worden. Wie will jemand mit solchen Grundlagen im späteren Berufsleben, eventuell im Betrieb, eine eigene Preisliste erstellen oder in der kaufmännischen Leitung des Betriebs mitarbeiten? Mit der Erstellung eines Kostenvoranschlags würde ich solch einen Mitarbeiter nicht betrauen. Ich hoffe, dass in den Meisterschulen die Notwendigkeit zum Abbau dieser Defizite im kaufmännischen Bereich erkannt werden und eine dementsprechende Reaktion erfolgt. In der heutigen Zeit benötigen wir nicht nur gute Zahntechniker, sondern sie müssen auch gute Kaufleute sein, damit unser Berufsstand auch in Zukunft selbstständig tätig sein kann. Wir müssen jederzeit in der Lage sein, unsere Preise qualifiziert zu erläutern und mit sicheren Zahlen zu untermauern. Es ist unsere Aufgabe, eine ausgewogene Preiskalkulation für unsere hochwertigen Produkte unseren Kunden und deren Patienten näher zu bringen.

20 Die EDV-Lösung

Als 1998 mein erstes Buch „Leitfaden zur Kalkulation und Kostenrechnung in der Zahntechnik“ erschien, arbeitete ich mit einem kleinen, selbst entworfenen, Kalkulationsprogramm auf Excel-Basis. Für eine umfassende und komplexe Kalkulation im Bezug auf einen Betrieb reichte dieses Programm in keinster Weise aus. Immer neue Anregungen, Gedanken und stetig wachsende Anforderungen, sowie das Fehlen eines entsprechenden Programms, machten die Neuentwicklung eines EDV-Kalkulationsprogramms notwendig. Dies gewährleistete eine direkte Abstimmung auf die Erfahrungen meiner bisherigen Arbeit und eine stetige Weiterentwicklung unter Berücksichtigung neuer Erkenntnisse.

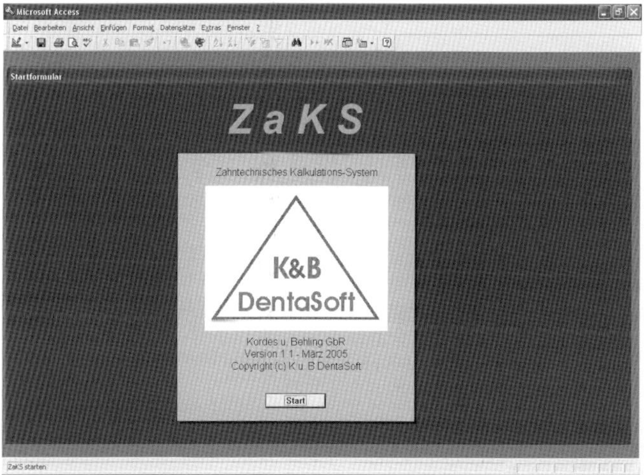

So entstand ZaKS das „Zahntechnische Kalkulations-System“. Bei ZaKS handelt es sich um eine auf Microsoft ACCESS basierende Anwendungssoftware. ZaKS ermöglicht eine schnelle, betriebsspezifische Ermittlung der Preise innerhalb der BEB oder des PLZ und die Erstellung eigener, mitarbeiterbezogener Zeitlisten für die BEL 2. Das Programm macht die betrieblichen Kosten transparent und bietet so eine sichere Kostenkontrolle. Der damit verbundene geringe Zeitaufwand für die Kalkulation macht eine schnelle

Preisfindung und eine gezielte, effektive Personalplanung möglich. ZaKS deckt alle in diesem Buch angesprochenen Bereiche der Kalkulation ab.

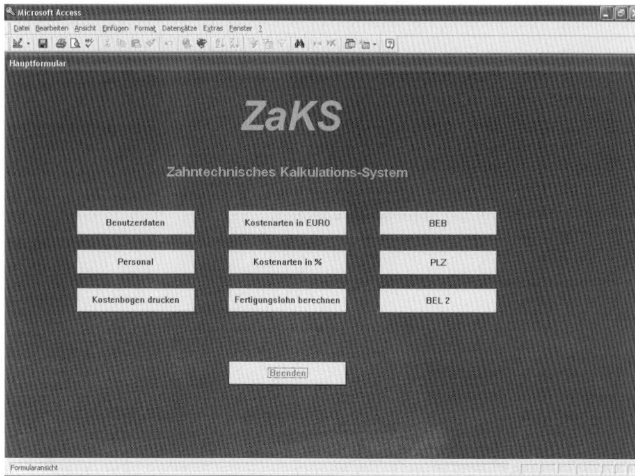

Das Hauptmenü ist die Navigationszentrale des Programms. Von hier aus werden die einzelnen Module des Kalkulationssystems angesteuert und nach jedem Schließen eines Formulars kehrt das Programm automatisch hierher zurück. Die Formulare werden einfach durch Anklicken der entsprechenden Buttons geöffnet.

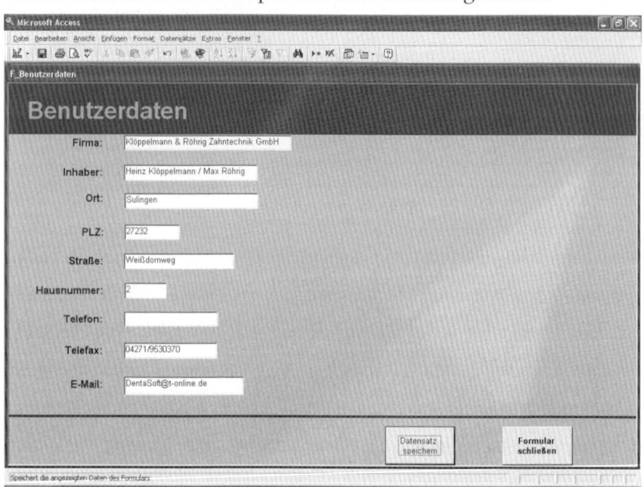

Über den Button „Benutzerdaten“ wird das entsprechende Formular geöffnet. Hier werden die notwendigen Daten des zahntechnischen Betriebs eingetragen. Diese dienen zur Verwaltung des Betriebs innerhalb des Programms und sollen zu einem späteren Zeitpunkt eventuell zur Verknüpfung mit anderen Anwendungen verwendet werden, z. B. um Daten per Email zu übertragen oder zu empfangen.

	Nach der Änderung des Datensatzes wird dieser über den Button „Datensatz speichern" gespeichert.
	Über den Button „Formular schließen" wird das Formular geschlossen und Sie gelangen wieder in das Hauptmenü.

Über den Button „Personal“ wird das Formular „Personalstammdatei“ geöffnet.

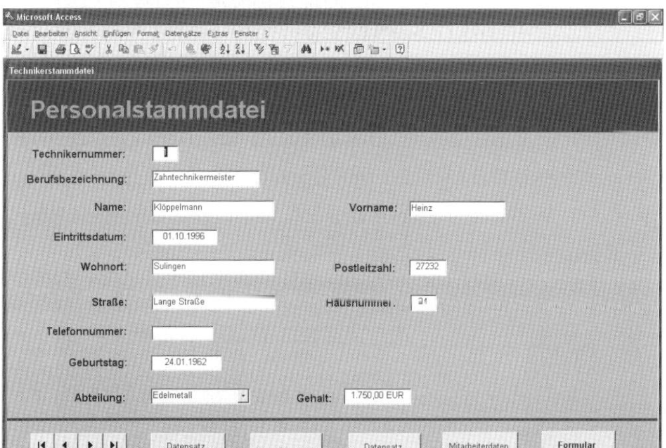

Im Formular „Personalstammdatei“ werden die Betriebsdaten aller Mitarbeiter erfasst. Neben den allgemeinen Personaldaten ist die Eingabe der Abteilung und die Eingabe des Gehalts (Bruttoarbeitslohn exkl. Sozialabgaben) erforderlich. Diese Daten sind für die Kalkulation relevant. Nur so können Daten für den einzelnen Mitarbeiter, die Abteilung und den Betrieb ermittelt werden.

	**Mit Hilfe dieser Navigationsschaltflächen können Sie innerhalb der Datensätze navigieren. Sie können zum ersten, zum letzten, zum nächsten und zum vorherigen Datensatz wechseln.**
Datensatz speichern	**Nach der Neueingabe oder Änderung eines Datensatzes wird dieser über den Button „Datensatz speichern" gespeichert.**
Neuer Datensatz	**Über den Button „Neuer Datensatz" sind die neuen Mitarbeiterdaten einzugeben. Zur Aufnahme eines neuen Mitarbeiters ist zunächst eine freie Technikernummer zu wählen. Technikernummern dürfen nicht doppelt vergeben werden.**
Datensatz löschen	**Über den Button „Datensatz löschen" werden die aktuell angezeigten Daten des Formulars gelöscht.**
Mitarbeiterdaten drucken	**Alle Daten können über den Button „Mitarbeiterdaten drucken" angeschaut und ausgedruckt werden.**
Formular schließen	**Über den Button „Formular schließen" wird das Formular geschlossen und Sie gelangen wieder in das Hauptmenü.**

Über den Button „Kostenbogen drucken" kann ein leerer Kostenabrechnungsbogen gedruckt werden. Er ist identisch mit dem im Buch verwendeten. Dieser kann nun unter Mithilfe oder in Abstimmung mit dem Steuerberater des Betriebs mit betriebseigenen Daten versehen werden.

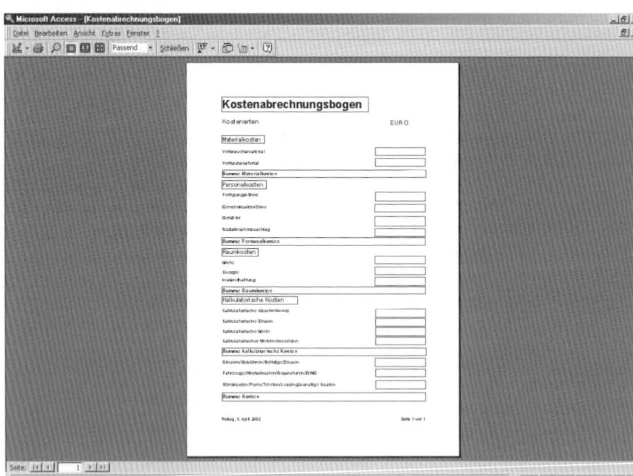

Über den Button „Kostenarten in Euro“ wird das entsprechende Eingabeformular geöffnet. Hier werden die mit dem Steuerberater ermittelten Beträge eingetragen. Sollten an einer Kostenstelle keine Kosten entstanden sein, so ist an dieser Kostenstelle keine Eingabe erforderlich. Auf Basis dieser Daten kalkuliert das Programm. Die Daten können jederzeit geändert oder aktualisiert werden.

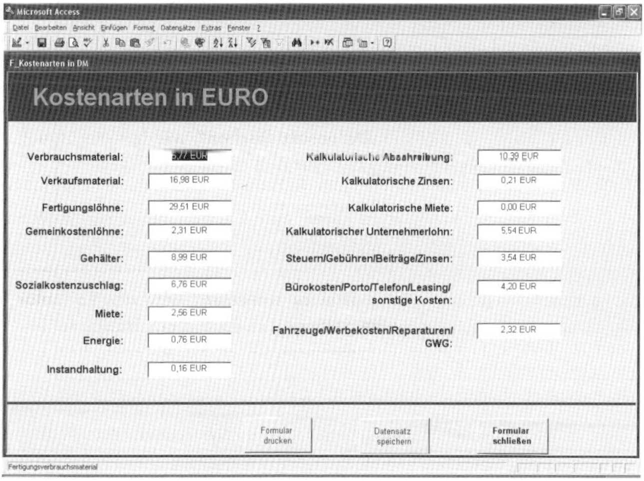

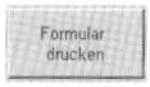	**Alle Daten können über den Button „Formular drucken“ angeschaut und ausgedruckt werden.**
	**Nach der Neueingabe oder Änderung eines Datensatzes wird dieser über den Button „Datensatz speichern“ gespeichert.** **Bei jedem erneuten Aufruf des Formulars werden die zuletzt gespeicherten Daten angezeigt.**
	**Über den Button „Formular schließen“ wird das Formular geschlossen und Sie gelangen wieder in das Hauptmenü.**

Im Formular „Kostenarten in %“ werden die in das Formular „Kostenarten in Euro“ eingegebenen Werte automatisch als %-Werte übernommen. Eingaben in dieses Formular sind nicht notwendig. Die hier angezeigten Daten sind von elementarer Bedeutung für die Ermittlung von Strukturdaten zur Kostenrechnung in zahntechnischen Betrieben. Eine Auswertung dieser Daten bei den Innungen, innerhalb virtueller Betriebe, könnte eine wichtige Unterstützung bei der Forderung und Umsetzung marktgerechter Preise sein.

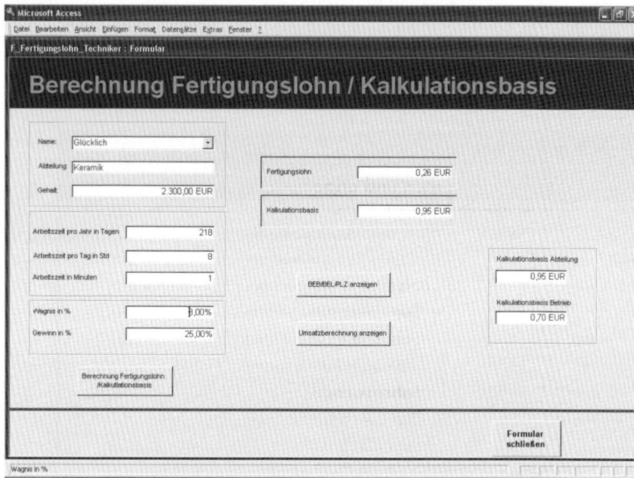

Formular drucken	**Alle Daten können über den Button „Formular drucken" angeschaut und ausgedruckt werden.**
Formular schließen	**Über den Button „Formular schließen" wird das Formular geschlossen und Sie gelangen wieder in das Hauptmenü.**

Der Button „Fertigungslohn berechnen" führt zum eigentlichen Kalkulationsbereich von ZaKS. Alle Parameter für die Kalkulation können schnell und übersichtlich festgelegt werden. Die Eingabedaten können jederzeit geändert und bearbeitet werden. Der Aufwand ist minimal und gibt doch größtmögliche Sicherheit bei betrieblichen Endscheidungen, da auch die Abteilungen und der gesamte Betrieb bei der Kalkulation berücksichtigt werden.

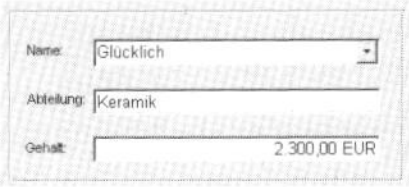	Zunächst wählen Sie einen Mitarbeiter oder eine Mitarbeiterin aus. Dabei öffnet sich ein Feld, das Ihnen alle kalkulationsrelevanten Mitarbeiter/innen des Betriebs anzeigt. Alle mit einem „ja" versehenen Personen sind schon einmal berechnet worden. Eine erneute Berechnung ist nur notwendig, wenn sich Berechnungsparameter verändert haben oder Sie diese verändern wollen. Gleichzeitig mit der Auswahl des/der Mitarbeiters/in werden die Daten für die „Abteilung" und das „Gehalt" aus der Personaldatei übernommen und angezeigt.
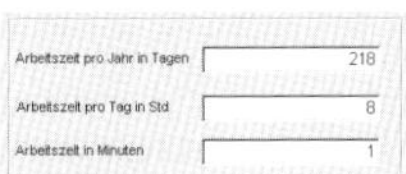	Nun müssen von Ihnen die „Arbeitszeit pro Jahr in Tagen", „Arbeitszeit pro Tag in Stunden" und „Arbeitszeit in Minuten" eingegeben werden. • Die „Arbeitszeit pro Jahr in Tagen" richtet sich nach der für die angezeigten Personen, der den Betrieb im Allgemeinen, festgelegten Jahresarbeitszeit. • Die „Arbeitszeit pro Tag in Stunden" richtet sich nach der für die angezeigte Person geregelte Arbeitszeit. In der Regel beträgt die Arbeitszeit einer Vollzeitkraft acht Stunden, bei einer Teilzeitkraft 4 Stunden. • Der Wert „Arbeitszeit in Minuten" ist mit einer Minute vorgegeben. Er kann zwar verändert werden, sollte aber für die einfache Kalkulation im Betrieb beibehalten werden.
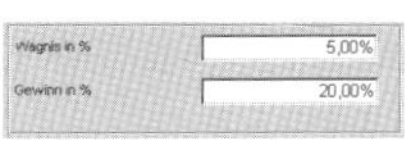	• Das „Wagnis in %" des Betriebs wird individuell eingegeben. Eine Quote von 5 % sollte im Hinblick auf die Qualität der Arbeiten des Betriebs nicht überschritten werden. • Die Höhe des „Gewinn in %" richtet sich nach den Wünschen des Betriebsinhabers und den am Markt zu realisierenden Preisen. Bei „Wagnis in %" sowie „Gewinn in %" sind „0" Eingaben zulässig. Dies bietet die Möglichkeit auf einfache Weise den „break even point" eines Mitarbeiters oder des gesamten Betriebs zu berechnen.

	Über den Button „Berechnung Fertigungslohn/ Kalkulationsbasis" kann nun der Fertigungslohn und die Kalkulationsbasis des Mitarbeiters berechnet und angezeigt werden. Des Weiteren werden die Kalkulationsbasis für die Abteilung und den Betrieb berechnet und angezeigt.
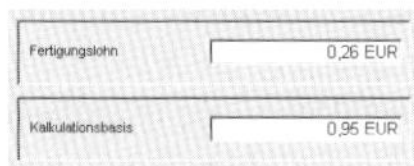	Hier werden der Fertigungslohn und die Kalkulationsbasis des aufgerufenen Mitarbeiters angezeigt.
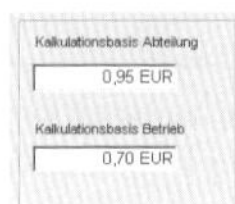	Hier wird die Kalkulationsbasis der Abteilung und des Betriebs angezeigt. Sie ergibt sich als Durchschnittswert aus den bisher berechneten Mitarbeitern. Erst wenn alle relevanten Mitarbeiter berechnet wurden, sind diese Zahlen vollständig.
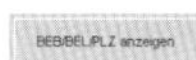	Über den Button „BEB, BEL, PLZ" gelangen Sie zum Formular, das Ihnen auf Wunsch die entsprechenden Listen anzeigt.
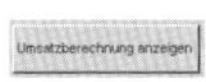	Über den Button „Umsatzberechnung anzeigen" wird ein Unterformular geöffnet, in dem die Stunden-, Tages-, Monats- und Jahresumsätze der Mitarbeiter ermittelt werden können.
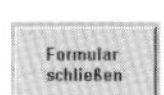	Über den Button „Formular schließen" wird das Formular geschlossen und Sie gelangen wieder in das Hauptmenü.

Durch Anklicken des Buttons „BEB/BEL/PLZ anzeigen" auf dem Formular „Berechnung Fertigungslohn/Kalkulationsbasis" wird ein entsprechendes Unterformular geöffnet. Durch Anklicken der einzelnen Button werden die entsprechenden Listen angezeigt. Die Berechnung erfolgt jeweils für den angezeigten Mitarbeiter. In der BEB und im PLZ werden die Preisvorgaben für Techniker, Abteilung und Betrieb – bei vorgegebener Zeit – ermittelt. In der Spalte „Verkaufspreis" kann der ermittelte Abrechnungspreis für diese Leistung eingetragen werden. In der BEL wird aufgrund des vorgegebenen Preises eine Zeitvorgabe für den jeweiligen Mitarbeiter berechnet. Alle Listen können über die entsprechenden Buttons separat angezeigt und ausgedruckt werden.

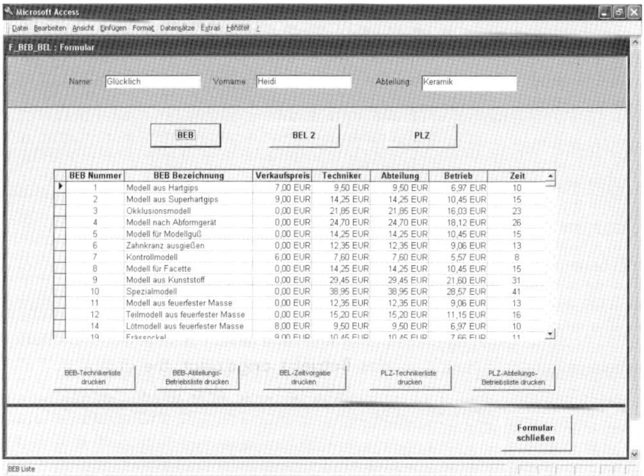

BEB	**Zeigt die gültige BEB-Liste mit den Daten des ausgewählten Mitarbeiters, der Abteilung und des Betriebs sowie der zuletzt bearbeiteten Verkaufsliste an.**
BEL 2	**Zeigt die BEL 2-Liste mit den für den ausgewählten Mitarbeiter errechneten Zeitwerten an.**
PLZ	**Zeigt die gültige PLZ-Liste mit den Daten des ausgewählten Mitarbeiters, der Abteilung und des Betriebs sowie der zuletzt bearbeiteten Verkaufsliste an.**
BEB-Technikerliste drucken	**Druckt die BEB-Liste mit Verkaufspreis und Technikerliste.**
BEB-Abteilungs-Betriebsliste drucken	**Druckt die BEB-Liste mit Verkaufspreis und Abteilungs-/Betriebsliste.**
BEL-Zeitvorgabe drucken	**Druckt die individuellen Zeitvorgaben in der BEL-Liste für den ausgewählten Mitarbeiter.**
PLZ-Technikerliste drucken	**Druckt die PLZ-Liste mit Verkaufspreis und Technikerliste.**
PLZ-Abteilungs-Betriebsliste drucken	**Druckt die PLZ-Liste mit Verkaufspreis und Abteilungs-/Betriebsliste.**
Formular schließen	**Über den Button „Formular schließen" wird das Formular geschlossen und Sie gelangen wieder in das Hauptformular.**

Durch Anklicken des Buttons „Umsatzberechnung anzeigen" auf dem Formular „Berechnung Fertigungslohn/Kalkulationsbasis" wird ein entsprechendes Unterformular geöffnet. Durch die Eingabe von

Tagesstunden, Arbeitstagen im Monat und Arbeitstagen im Jahr kann das Programm bei Aktivierung des Buttons „Berechnung durchführen" die notwendigen Werte für den Tages-, Monats- und Jahresumsatz ermitteln. Wenn der IST-Monatsumsatz eines Mitarbeiters eingegeben und der Button „Arbeitszeit berechnen" aktiviert wird, zeigt das Programm die produktiven Monatsstunden zum Vergleich mit den IST-Stunden des Mitarbeiters an.

Dadurch werden wichtige Strukturdaten für die Personalplanung ermittelt, welche diese wesentlich vereinfachen.

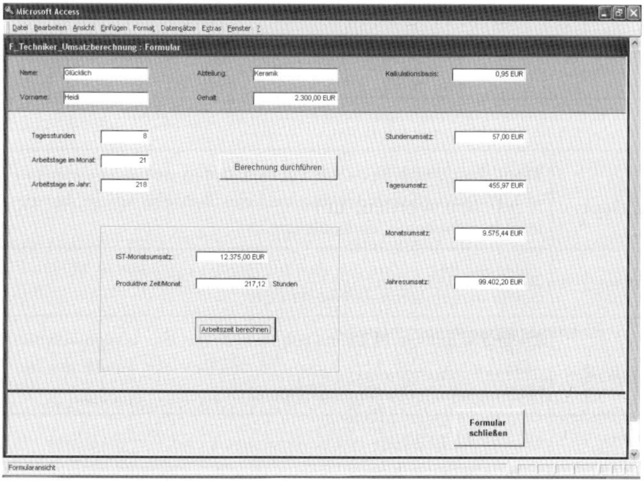

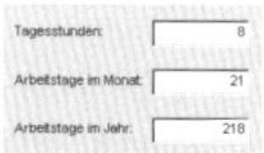	**Eingabe der Berechnungsparameter. Bei Arbeitstagen im Monat kann entweder ein aktueller Monatswert eingegeben werden oder es wird der Wert eingegeben, der sich bei der Division der Arbeitstage im Jahr durch zwölf Monate ergibt.**
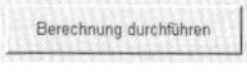	**Aktivieren des Buttons führt zur Berechnung des Tages-, Monats- und Jahresumsatzes des ausgewählten Mitarbeiters.**
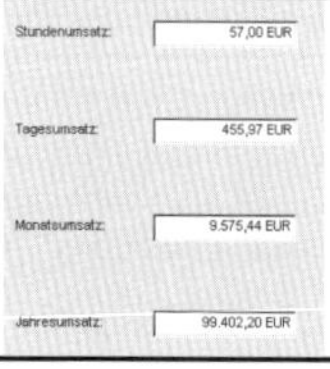	**Zeigt den ermittelten Stunden-, Tages, Monats- und Jahresumsatz des ausgewählten Mitarbeiters an.**

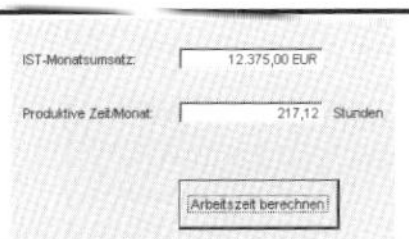	**Berechnet die produktive Zeit für den eingegebenen Monatsumsatz des ausgewählten Mitarbeiters.**
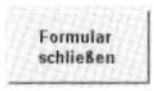	**Über den Button „Formular schließen" wird das Formular geschlossen und Sie gelangen wieder in das Hauptformular.**

Über die Button „BEB“, „PLZ“ und „BEL 2“ werden aus dem Hauptmenü die Formulare der einzelnen Listen aufgerufen. Die jeweiligen Listen sind im Programm hinterlegt und mit den notwendigen Daten versehen. Hier kann der im Betrieb verwendete Verkaufspreis eingegeben werden. Die Felder „Technikerpreis, Abteilungspreis und Betriebspreis“ werden durch das Programm während der Kalkulation berechnet. Die hier ermittelten Daten können mit dem Verkaufspreis verglichen werden, um evtl. notwendige Korrekturen des Verkaufspreises vorzunehmen. Des Weiteren können hier die Listen korrigiert und erweitert werden.

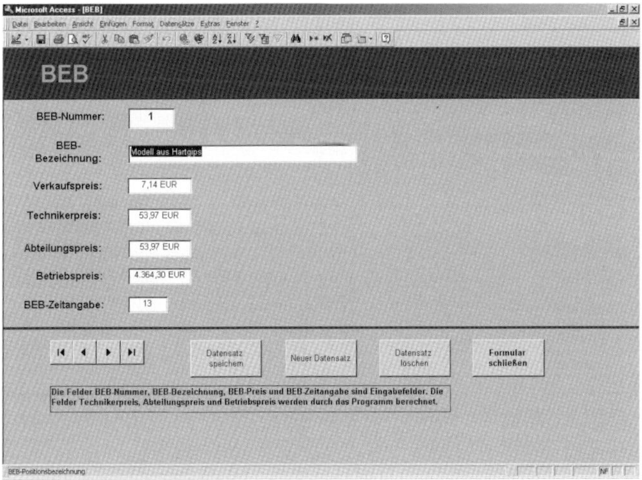

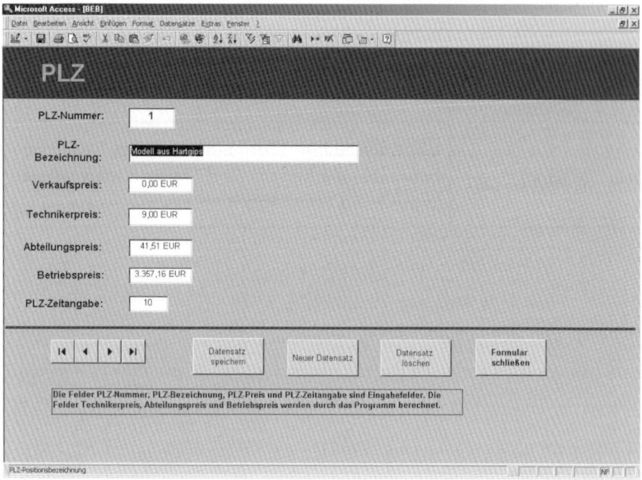

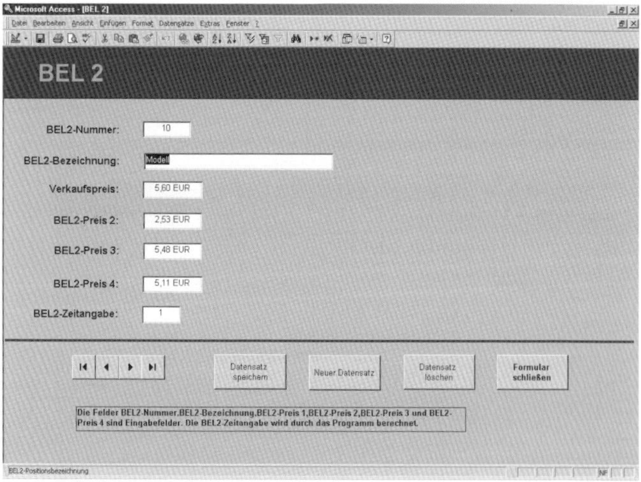

	Mit Hilfe dieser Navigationsschaltflächen können Sie innerhalb der Datensätze navigieren. Sie können zum ersten, zum letzten, zum nächsten und zum vorherigen Datensatz wechseln.
	Nach der Neueingabe oder Änderung eines Datensatzes wird dieser über den Button „Datensatz speichern" gespeichert.

	Über den Button „Neuer Datensatz" sind neue Positionen einzugeben. Zur Aufnahme einer neuen Position ist zunächst eine freie Nummer zu wählen. Nummern dürfen nicht doppelt vergeben werden.
	Über den Button „Datensatz löschen" werden die aktuell angezeigten Daten des Formulars gelöscht.
	Über den Button „Formular schließen" wird das Formular geschlossen und Sie gelangen wieder in das Hauptmenü.

Bei Fragen und Anregungen wenden Sie sich bitte an:

K&B DentaSoft
Kordes & Behling GbR
Weißdornweg 2
27232 Sulingen

Fax: 04271/9530370
Email: DentaSoft@t-online.de

Anhang 1:
BEB – Planzeiten / eckl. Verteilzeit

BEB-Nr.	BEB-Bezeichnung	Planzeit in Min.	Zuschlag Qualifik.	Zuschlag Geräte	Zuschlag Material
1	Modell aus Hartgips	8			
2	Modell aus Superhartgips	12			
3	Okklusionsmodell	18			
4	Modell nach Abformgerät	21			
5	Modell für Modellguss	0			
6	Zahnkranz ausgießen	10			
7	Kontrollmodell	6			
8	Modell für Facette	0			
9	Modell aus Kunststoff	25			
10	Spezialmodell	33			
11	Modell aus feuerfester Masse	10			
12	Teilmodell aus feuerfester Masse	13			
14	Lötmodell aus feuerfester Masse	8			
19	Frässockel	9			
20	Remontage Modell	25			
21	Modell für Sägesegmente	14			
22	Okklusionsmodell für Sägesegmente	22			
23	Modell für Einzelstümpfe	13			
26	Modell nach Funktionsabdruck	13			
103	Modellsegment	5			
104	Stumpf aus Superhartgips	6			
105	Stumpf aus Kunststoff	8			
106	Stumpf aus Metall	16			
112	Stumpf aus feuerfester Masse	15			
114	Zweitstumpf aus Superhartgips	5			
115	Zweitstumpf aus Kunststoff	6			
116	Zweitstumpf aus Metall	9			
117	Kunststoff-Stumpf, festsitzend	0			
118	Implantatfrässtumpf	0			
201	Stumpfabdruck galvanisieren	6			
205	Abdruck galvanisieren	15			
211	Abdruckmanschette	3			
212	Dowel-Pin setzen	2			

BEB-Nr.	BEB-Bezeichnung	Planzeit in Min.	Zuschlag Qualifik.	Zuschlag Geräte	Zuschlag Material
213	Ausblocken eines Stumpfs	3			
214	Reponieren eines Stumpfs	4			
215	Zweitstumpfübertragung in Arbeitsmodell	8			
216	Stumpf vorbereiten	4			
217	Stumpf unter Mikroskop vorbereiten	8			
218	Vorbereiten eines Stumpfes zum direkten Aufgalvanisieren	0			
221	Hilfsteil in Abdruck	9			
222	Modellergänzung aus Kunststoff	22			
223	Zahnfleischmaske abnehmbar	18			
224	Modellimplantat repositionieren	99			
225	Implantatpfosten auf Modellimplantat aufschrauben	4			
231	Stumpfmodell aus Metall, für galvanischen Aufbau	15			
241	Dublieren eines Modells oder Modellteils	10			
243	Dublieren eines Einzelstumpfs	8			
251	Angeliefertes Modell untersockeln	7			
252	Angeliefertes Modell oder Zahnkranz bearbeiten	3			
253	Split-Cast Sockel an Modell	15			
301	Zahn vermessen	1			
302	Modell vermessen	6			
303	Modell ausblocken	2			
304	Zahn radieren	1			
306	Abdecken eines Kieferteils	3			
307	Radieren des Abschlussrands	3			
308	Radieren nach System	5			
401	Montage eines Modellpaares in Fixator	10			
402	Modellmontage in Mittelwertartikulator I	12			
403	Modellmontage in Mittelwertartikulator II	13			
404	Modellmontage in individuellem Artikulator I	13			
405	Modellmontage in individuellem Artikulator II	12			
406	Modellmontage in individuellem Artikulator III	22			
408	Montage eines Gegenkiefermodells	8			

BEB-Nr.	BEB-Bezeichnung	Planzeit in Min.	Zuschlag Qualifik.	Zuschlag Geräte	Zuschlag Material
411	Modellmontage in Mandibular-Positions-Variator (MPV)	12			
501	Übertragungslehre für Zweitmontage	10			
511	Mehraufwand für Einstellen nach Zentrikregistrat	8			
521	Auswerten eines Registrats	6			
522	Frontzahnführungsteller individuell	17			
523	Pfeilwinkel auf Frontzahnführungsteller übertragen	17			
531	Zusatzaufwand für einstellen nach Remontage	8			
601	Modellpaar trimmen, okklusionsbezogen	16			
602	Modellpaar sockeln, dreidimensional	33			
603	Modellpaar sockeln, dreidimensional, in Kunststoffform	33			
604	Modellpaar in Gipssockel fixieren	9			
701	Versand je Versandgang	0			
702	Sonderversand oder Fahrtkosten	0			
703	Depotführung Zähne	5			
704	Depotführung Legierung	5			
706	Foto- oder Video-Dokumentation	15			
710	Eilterminzuschlag	0			
711	Artikulator teiladjustierbar ausleihen	0			
712	Artikulator volladjustierbar ausleihen	0			
721	Zeiteinheit, Zahntechnikermeister	10			
722	Zeiteinheit, Zahntechniker	10			
723	Zahnfarbenbestimmung I	10			
724	Zahnfarbenbestimmung II	20			
731	Individuelle Namenskennzeichnung	0			
732	Desinfektion	6			
801	Prothetische Planung	30			
802	Prothetische Alternativplanung	25			
803	Prä-Chirurgische Planung	0			
811	Modellanalyse für Prothetik	10			
812	Modellanalyse für KFO	25			

BEB-Nr.	BEB-Bezeichnung	Planzeit in Min.	Zuschlag Qualifik.	Zuschlag Geräte	Zuschlag Material
813	Modellanalyse für Gnathologie	38			
814	Modellanalyse für Implantologie	0			
815	Implantatachse und -ort festlegen	0			
816	Implantatachse und -ort mit Planungsprogramm festlegen	0			
817	Implantat-Abutment-Auswahl	0			
821	Kostenplan für Prothetik	15			
822	Kostenplan für KFO	15			
831	Zahn diagnostisch beschleifen oder radieren	5			
832	Diagnostisches Modellieren oder Aufwachsen	13			
833	SET-UP je Zahn	10			
834	Diagnostisches Aufstellen von Konfektionszähnen	6			
835	Vermessen und Auswerten im Mandibular-Positions-Indikator (MPI)	6			
836	Vermessen und Auswerten im Mandibular-Positions-Variator (MPV)	0			
1001	Basis aus thermoplastischem Material	15			
1002	Basis tiefgezogen	22			
1003	Basis aus Kunststoff	24			
1004	Funktionslöffel All Oral	32			
1005	Funktionslöffel aus Kunststoff	27			
1006	Individueller Löffel aus Kunststoff	29			
1007	Funktions/individueller Löffel aus Kunststoff für Implantate, geschl.Abformung	0			
1008	Funktions/individueller Löffel aus Kunststoff für Implantat, offene Abformung	0			
1011	Basis aus Kunststoff, bei Defektversorgung	30			
1012	Basis aus Kunststoff, auf Implantat	30			
1019	Basis für neue Abdrucknahme vorbereiten	12			
1020	Basis für Röntgenschablone nach Wax-Up/Aufstellung	0			
1111	Bisswall aus Wachs, auf Basis	10			
1112	Bisswall aus thermoplastischem Material, auf Basis	16			
1113	Bisswall aus Kunststoff, auf Basis	16			

BEB-Nr.	BEB-Bezeichnung	Planzeit in Min.	Zuschlag Qualifik.	Zuschlag Geräte	Zuschlag Material
1114	Bisswall folienbeschichtet nach Schreinemakers, auf Basis	15			
1115	Registrierplatte und -stift auf Basen	12			
1116	FGB Registrierhilfen	17			
1121	Spezialbissplatte	18			
1122	Wachsplatte für Bissregistrierung in Artikulator vorbereitet	9			
1131	Kunststoffaufbau zur Bissfixierung	17			
1201	Übertragungskappe aus Kunststoff	17			
1202	Übertragungskappe aus Metall	34			
1204	Tiefziehteil	18			
1205	Prä-Justage für Abformpfosten	0			
1221	Parallelbohrschablone pro Zahn	40			
1222	Remontageschiene	28			
1223	Bohrschablone für Implantat	0			
1224	Glasklare Positionierungsschiene	0			
1225	Kontrollschablone, Einbringungshilfe	32			
1231	Paraokklusaler Löffel	40			
1241	Ätzmaske für Brackets	30			
1242	Übertragungsmaske für Brackets	17			
1251	Vorwall	4			
1311	Röntgenkugel positionieren	2			
1312	Positionierungsstift	0			
1313	Positionierung von Bohrhülsen	0			
1314	Korrektur von Bohrhülsen nach Diagnose	0			
1321	Prothetisches Hilfsteil an Basis einarbeiten	0			
1341	Walkhoffsche Tastkugel an Bissschablone	0			
1351	Vorwall und Zähne nach Einprobe über Implantat anpassen	10			
1401	Provisorische Krone, Brückenglied, Stiftzahn, Onlay, Inlay aus Kunststoff	40			
1402	Provisorische Krone, Brückenglied, Stiftzahn, Onlay, Inlay aus Metall	52			

BEB-Nr.	BEB-Bezeichnung	Planzeit in Min.	Zuschlag Qualifik.	Zuschlag Geräte	Zuschlag Material
1403	Metallarmierung für provisorische Versorgung	34			
1404	Formteil für provisorische Versorgung	32			
1405	Provisorischen Implantataufbau bearbeiten	0			
1406	Aufwand für provisorische Krone über Implantat	0			
1411	Aufstellen eines fehlenden Zahns zum Herstellen eines Formteils	4			
1421	Metallprovisorium verblenden, einfarbig	28			
1422	Metallprovisorium verblenden, mehrfarbig	40			
1601	Testplättchen, Metall	0			
1602	Testplättchen, Kunststoff	0			
1603	Testplättchen, Keramik	0			
1604	Testplättchen, Polymer-Glas	0			
1611	Testplättchen, Metall/Kunststoff	0			
1612	Testplättchen, Metallkeramik	0			
1613	Testplättchen, Metall/Polymer-Glas	0			
2001	Wurzelstift gegossen	34			
2002	Stiftaufbau direkt	27			
2003	Stiftaufbau indirekt	39			
2011	Wurzelkappe direkt, ohne Aufbau	27			
2012	Wurzelkappe indirekt, ohne Aufbau	46			
2021	Galvano-Wurzelkappe	0			
2031	Individuellen Implantataufbau für Kronen oder Brückenpfeiler herstellen	72			
2032	Verlängerungshülse für Implantat	10			
2051	Hartkernstiftaufbau	0			
2052	Glasstiftaufbau gegossen	64			
2101	Krone gegossen	60			
2102	Krone gegossen, nach Stufenpräparation	71			
2103	Halbkrone gegossen	62			
2104	Dreiviertelkrone, gegossen	68			
2105	Anker gegossen, für Klebebrücke	50			
2107	Wurzelkappe gegossen, mit Aufbau für Krone	52			
2109	Implantat-Divergenz-Ausgleichskrone gegossen	55			

BEB-Nr.	BEB-Bezeichnung	Planzeit in Min.	Zuschlag Qualifik.	Zuschlag Geräte	Zuschlag Material
2111	Krone gegossen, für Kunststoffverblendung	72			
2112	Facette gegossen	45			
2117	Wurzelkappe gegossen, mit Rückenplatte/Kaufläche für Kunststoffverblendung	73			
2121	Krone gegossen, für Keramik- oder Polymer-Glas-Teilverblendung	65			
2122	Krone, gegossen für Keramik- oder Polymer-Glas-Vollverblendung	54			
2123	Stufenkrone gegossen, für Teilverblendung	0			
2124	Stufenkrone gegossen für Vollverblendung	0			
2126	Dreiviertelkrone gegossen, für Keramik- oder Polymer-Glas-Verblendung	0			
2127	Wurzelkappe, geg.m. Rückenpl./Kaufl. F. Keramik- oder Polymer-Glas Verbl.	69			
2131	Galvanokrone für Verblendung	60			
2132	Galvano-Kauflächen oder -Rückenplatte	0			
2141	Foliengerüst für Krone zur Keramikverblendung	32			
2151	Krone gefräst	0			
2152	Krone gefräst, nach Stufenpräparation	0			
2153	Halbkrone gefräst	0			
2154	Dreiviertelkrone gefräst	0			
2155	Anker gefräst, für Klebebrücke	0			
2161	Krone gefräst, für Keramik- oder Polymer-Glas-Teilverblendung	0			
2162	Krone gefräst, für Keramik- oder Polymer-Glas-Vollverblendung	0			
2163	Stufenkrone gefräst, für Keramik- oder Polymer-Glas-Teilverblendung	0			
2164	Stufenkrone gefräst, für Keramik- oder Polymer-Glas-Vollverblendung	0			
2171	Sintergerüst für Krone zur Keramikverblendung	0			
2181	Krone erodiert	0			
2182	Krone erodiert, nach Stufenpräparation	0			

BEB-Nr.	BEB-Bezeichnung	Planzeit in Min.	Zuschlag Qualifik.	Zuschlag Geräte	Zuschlag Material
2183	Halbkrone erodiert	0			
2184	Dreiviertelkrone erodiert	0			
2185	Anker erodiert, für Klebebrücke	0			
2187	Wurzelkappe erodiert, mit Aufbau	0			
2191	Krone erodiert, für Keramik- oder Polymer-Glas-Teilverblendung	0			
2192	Krone erodiert, für Keramik- oder Polymer-Glas-Vollverblendung	0			
2193	Stufenkrone erodiert, für Keramik- oder Polymer-Glas-Teilverblendung	0			
2194	Stufenkrone erodiert, für Keramik- oder Polymer-Glas-Vollverblendung	0			
2196	Dreiviertelkrone erodiert, für Keramik- oder Polymer-Glas-Verblendung	0			
2211	Mantelkrone Frontzahn, Kunststoff	64			
2212	Mantelkrone Seitenzahn, Kunststoff	64			
2213	Stiftkrone, Kunststoff	64			
2219	Verbindungsstelle, Kunststoff	2			
2231	Mantelkrone Frontzahn, Keramik	89			
2232	Mantelkrone Seitenzahn, Keramik	91			
2241	Glaskrone gegossen	110			
2242	Glaskrone gegossen, zur Keramikverblendung	100			
2251	Krone aus Presskeramik	123			
2252	Krone aus Presskeramik, zur Keramikverblendung	0			
2261	Krone aus Hartkernkeramik, zur Keramikverblendung	0			
2269	Verbindungsstelle Hartkernkeramik	0			
2271	Mantelkrone Frontzahn, aus Polymer-Glas	0			
2272	Mantelkrone Seitenzahn, aus Polymer-Glas	0			
2273	Stiftkrone aus Polymer-Glas	0			
2279	Verbindungsstelle aus Polymer-Glas	0			
2281	Krone aus Keramik gefräst	0			
2282	Krone aus Keramik gefräst, zur Keramikverblendung	0			
2289	Verbindungsstelle aus Keramik, gefräst	0			

BEB-Nr.	BEB-Bezeichnung	Planzeit in Min.	Zuschlag Qualifik.	Zuschlag Geräte	Zuschlag Material
2311	Brückenglied gegossen, massiv	38			
2312	Brückenglied, gegossen für Kunststoff-Verblendung	38			
2313	Brückenglied gegossen, für Keramik- oder Polymer-Glas-Teilverblendung	37			
2314	Brückenglied gegossen, für Keramik- oder Polymer-Glas-Vollverblendung	32			
2341	Foliengerüst für Brückenglied	45			
2351	Brückenglied gefräst, massiv	0			
2352	Brückenglied gefräst, für Kunststoffverblendung	0			
2353	Brückenglied gefräst, für Keramik- oder Polymer-Glas-Teilverblendung	0			
2354	Brückenglied gefräst, für Keramik- oder Polymer-Glas-Vollverblendung	0			
2361	Brückenglied, Keramik massiv	91			
2362	Hartkerngerüst für Brückenglied	0			
2381	Brückenglied aus Kunststoff, massiv	54			
2401	Gussinlay indirekt einflächig	48			
2402	Gussinlay indirekt zweiflächig	58			
2403	Gussinlay indirekt dreiflächig	68			
2404	Gussinlay indirekt mehrflächig	73			
2405	Kreuzgussinlay	52			
2407	Guss-Onlay	68			
2408	Gussinlay als Unterfüllung	31			
2411	Inlaygerüst zur Verblendung, einflächig	48			
2412	Inlaygerüst zur Verblendung, zweiflächig	58			
2413	Inlaygerüst zur Verblendung, dreiflächig	68			
2414	Inlaygerüst zur Verblendung, mehrflächig	73			
2421	Inlay galvanisch aufgebaut, einflächig	60			
2422	Inlay galvanisch aufgebaut, zweiflächig	68			
2423	Inlay galvanisch aufgebaut, dreiflächig	79			
2424	Inlay galvanisch aufgebaut, mehrflächig	84			
2431	Sintergerüst für Inlay, einflächig	0			
2432	Sintergerüst für Inlay, zweiflächig	0			

BEB-Nr.	BEB-Bezeichnung	Planzeit in Min.	Zuschlag Qualifik.	Zuschlag Geräte	Zuschlag Material
2433	Sintergerüst für Inlay, dreiflächig	0			
2434	Sintergerüst für Inlay, mehrflächig	0			
2511	Inlay, Kunststoff einflächig	38			
2512	Inlay, Kunststoff zweiflächig	50			
2513	Inlay, Kunststoff dreiflächig	64			
2514	Inlay, Kunststoff mehrflächig	68			
2515	Onlay, Kunststoff	64			
2521	Inlay, Keramik einflächig	89			
2522	Inlay, Keramik zweiflächig	92			
2523	Inlay, Keramik dreiflächig	95			
2524	Inlay, Keramik mehrflächig	105			
2525	Onlay aus Keramik	95			
2531	Inlay aus gegossenem Glas, einflächig	95			
2532	Inlay aus gegossenem Glas, zweiflächig	100			
2533	Inlay aus gegossenem Glas, dreiflächig	106			
2534	Inlay aus gegossenem Glas, mehrflächig	112			
2535	Onlay aus gegossenem Glas	106			
2541	Inlay aus Presskeramik, einflächig	0			
2542	Inlay aus Presskeramik, zweiflächig	0			
2543	Inlay aus Presskeramik, dreiflächig	0			
2544	Inlay aus Presskeramik, mehrflächig	0			
2545	Onlay aus Presskeramik	0			
2551	Inlay aus Keramik, gefräst, einflächig	0			
2552	Inlay aus Keramik, gefräst, zweiflächig	0			
2553	Inlay aus Keramik, gefräst, dreiflächig	0			
2554	„Inlay, Keramik gefräst mehrflächig; Onlay"	0			
2555	Onlay, Keramik gefräst	0			
2556	Pro-Inlay, einflächig	0			
2557	Pro-Inlay, zweiflächig	0			
2558	Pro-Inlay, dreiflächig	0			
2559	„Pro-Inlay, mehrflächig; Onlay"	0			
2571	Hartkernschale für Inlay, einflächig	0			
2572	Hartkernschale für Inlay, zweiflächig	0			

BEB-Nr.	BEB-Bezeichnung	Planzeit in Min.	Zuschlag Qualifik.	Zuschlag Geräte	Zuschlag Material
2573	Hartkernschale für Inlay, dreiflächig	0			
2574	Hartkernschale für Inlay, mehrflächig	0			
2575	Hartkernschale für Onlay	0			
2581	Inlay, Polymer-Glas einflächig	0			
2582	Inlay, Polymer-Glas zweiflächig	0			
2583	Inlay, Polymer-Glas dreiflächig	0			
2584	Inlay, Polymer-Glas mehrflächig	0			
2585	Onlay, Polymer-Glas	0			
2589	Verbindungsstelle Polymer-Glas	0			
2601	Teilverblendung Kunststoff	37			
2602	Vollverblendung Kunststoff	55			
2603	Verblendschale Kunststoff	55			
2611	Teilverblendung Keramik	59			
2612	Mehrfl.Verblendung Keramik	76			
2613	Verblendschale aus Keramik	112			
2631	Verblendschale aus gegossenem Glas	118			
2643	Verblendschale aus Presskeramik	0			
2653	Verblendschale aus Keramik, gefräst	0			
2661	Teilverblendung, Polymer-Glas	0			
2662	Vollverblendung, Polymer-Glas	0			
2663	Verblendschale Polymer-Glas	0			
2671	Papille, Kunststoff	5			
2672	Zahnfleisch, Kunststoff	10			
2673	Wurzelpontic, Kunststoff	10			
2675	Schulter aus Keramik/Glas	22			
2676	Papille aus Keramik/Glas	18			
2677	Zahnfleisch aus Keramik/Glas	42			
2678	Wurzelpontic aus Keramik/Glas	30			
2679	Sattelpontic aus Keramik/Glas	30			
2681	Schulter aus Polymer-Glas	0			
2682	Papille aus Polymer-Glas	0			
2683	Zahnfleisch aus Polymer-Glas	0			
2684	Wurzelpontic aus Polymer-Glas	0			

BEB-Nr.	BEB-Bezeichnung	Planzeit in Min.	Zuschlag Qualifik.	Zuschlag Geräte	Zuschlag Material
2685	Sattelpontic aus Polymer-Glas	0			
2689	Farbgebung durch Bemalen	70			
2691	Keramik-Konfektionszahn einarbeiten	28			
2695	Kosmetische Modellation für Einprobe	0			
2801	Kaufl.n. gnathologischen Kriterien gest. in Metall/gegossenem Glas	22			
2802	Kaufl. n. gnathol. Kriterien gest. i. Keramik	27			
2803	Frontzahn nach gnathologischen Kriterien gestaltet in Metall/gegossenem Glas	14			
2804	Frontzahn nach gnathologischen Kriterien gestaltet in Keramik	14			
2811	Selektives Einschleifen nach Remontage/Kr.,Br. Gl., Inlay	15			
2812	Selektives Einschleifen FGB	15			
2901	Stiftaufbau in vorhandene Krone	12			
2902	Herausnehmbarer Stift in Stiftaufbau	15			
2903	Retention an Wurzelstift	6			
2904	Angelieferte Modellation gießen	27			
2905	Guss nach angelieferter Modellation bearbeiten	16			
2906	Stift in Inlay zum Pinledge	15			
2907	Brückenteilungsgeschiebe/ individuell	0			
2908	Brückenteilungsgeschiebe/ konfektioniert	0			
2911	Krone, Brückenglied für Klammer vorbereiten	10			
2912	Krone, Brückengl., Inlay passend f. vorh. Prothese arb.	18			
2913	Umgehungsbügel bei Diastema	14			
2914	Sphärischer Kontakt	4			
2915	Okklusaler Stop	8			
2916	Lösungsknopf für abnehmbare Brücke	8			
2917	Lösungsknopf für Krone oder Inlay	2			
2918	Auflage an Brückenglied	14			
2921	Kaufläche nacharbeiten	10			
2922	Krone/Inlay/Brückenglied aufpassen	8			
2931	Zusatzaufwand bei vorhandenem Primärteil	25			

BEB-Nr.	BEB-Bezeichnung	Planzeit in Min.	Zuschlag Qualifik.	Zuschlag Geräte	Zuschlag Material
2932	Zusatzaufwand bei vorhandenem Sekundärteil	35			
2941	Individuell charakterisieren, Kunststoff	0			
2945	Individuell charakterisieren, Polymer-Glas	0			
2951	Individuell charakterisieren, Keramik	0			
2952	Zuschlag bei Verarbeitung von Spezialkeramik	0			
2954	Verbindungsstelle Keramik/Glas	8			
2955	Glasieren, je Einheit	5			
2959	Mehraufwand durch Rohbrandeinprobe	8			
2961	Kronenverband, Brücken, sechs Einheiten und mehr	0			
2963	Mehrere Farben in Krone- oder Brückenverband	0			
2965	Zuschlag für Arbeiten unter Stereomikroskop	0			
2971	Aufwand bei Suprastruktur auf zementiertem Implantat	25			
2972	Aufwand zu Suprastruktur bei verschraubtem Implantat	42			
2973	Bearbeiten eines Implantataufbaus	0			
2974	Drehsicherungsstopp bei Implantat	0			
2975	Bearbeiten eines Implantataufbaus aus Keramik	0			
2981	NEM Zuschlag	0			
2982	Sonderlegierung verarbeiten	0			
2983	Titan verarbeiten bei festsitzendem ZE	0			
3001	Teleskopkrone primär	55			
3002	Doppelkrone primär	55			
3003	Teleskop- oder Doppelkrone primär als Wurzelstiftkrone	60			
3004	Teleskop-Teilkrone primär	73			
3005	Teleskop-Teilkrone primär für Kunststoffverblendung	84			
3006	Teleskop-Teilkrone primär für Keramikverblendung	78			
3011	Konuskrone primär	60			
3012	Konuskrone primär als Wurzelstiftkrone	65			
3021	Individuelles Geschiebe primär	35			
3022	Lager für RS-Geschiebe	18			
3023	Lager für Ankerbandklammer	30			
3024	Lager für Raste	6			
3025	Umlaufraste für Schubverteilungsarm	10			

BEB-Nr.	BEB-Bezeichnung	Planzeit in Min.	Zuschlag Qualifik.	Zuschlag Geräte	Zuschlag Material
3031	Individueller Steg, Grundeinheit	38			
3032	Individueller Steg, Längeneinheit	8			
3101	Umlaufende Fräsung	11			
3102	Rillen-Schulter-Fräsung	22			
3103	Teilfräsung	10			
3104	Stegfräsung	22			
3105	Geschiebefräsung	22			
3106	Bohrung und Fräsung für Friktionsstift	8			
3112	Rillen-Funkenerosion	0			
3115	Geschiebe-Funkenerosion	0			
3116	Funkenerosion für Friktionsstift	0			
3121	Umlaufende Fräsung, Keramikprimärteil	0			
3122	Rillen-Schulter-Fräsung, Keramikprimärteil	0			
3123	Teilfräsung, Keramikprimärteil	0			
3124	Stegfräsung, Keramikprimärteil	0			
3125	Geschiebefräsung, Keramikprimärteil	0			
3126	Bohrung und Fräsung für Friktionsstift, Keramikprimärteil	0			
3201	Teleskopkrone sekundär	71			
3202	Teleskopkrone sekundär für Kunststoffverblendung	83			
3203	Teleskopkrone sekundär für Keramikverblendung	76			
3204	Konuskrone sekundär	78			
3205	Konuskrone sekundär für Kunststoffverblendung	90			
3206	Konuskrone sekundär für Keramikverblendung	83			
3207	Doppelkrone sekundär	60			
3208	Doppelkrone sekundär, für Kunststoffverblendung	72			
3209	Doppelkrone sekundär, für Keramikverblendung	65			
3210	Teleskop-Teilkrone sekundär	55			
3211	Individuelles Geschiebe sekundär	32			
3212	Rillen-Schulter-Geschiebe sekundär	56			
3213	Ankerbandklammer sekundär	71			
3214	Raste in Lager	6			
3215	Schubverteilungsarm	20			

BEB-Nr.	BEB-Bezeichnung	Planzeit in Min.	Zuschlag Qualifik.	Zuschlag Geräte	Zuschlag Material
3221	Individuelles Steggeschiebe	48			
3222	Individuelles Steggeschiebe mit Gingivalfassung	54			
3301	Indiv. Sek.teil in/an Kunststoffbasis	15			
3302	Indiv. Sek.teil in/an Metallbasis	15			
3303	Indiv. Sek.teil an/in Brückenkörper oder Sek.teil	15			
3321	Steggeschiebe individuell in Kunststoffbasis	34			
3322	Steggeschiebe individuell an/in Metallbasis	34			
3323	Steggeschiebe individuell an Sekundärteil	34			
3401	Drehriegel	156			
3402	Doppel-Drehriegel	171			
3403	Schwenkriegel	156			
3404	Doppel-Schwenkriegel	171			
3405	Schub- oder Steckriegel	112			
3406	Doppelkronenriegel	0			
3411	Drehriegel, funkenerodiert	0			
3412	Doppel-Drehriegel, funkenerodiert	0			
3413	Schwenkriegel, funkenerodiert	0			
3414	Doppel-Schwenkriegel, funkenerodiert	0			
3415	Schub- oder Steckriegel, funkenerodiert	0			
3501	Konfektionsgeschiebe primär	15			
3503	Konfektionsgeschiebe verriegelnd - primär	15			
3521	Konfektionssteg - Grundeinheit	18			
3522	Konfektionssteg - Grundeinh. mit Schleimhautkontakt	32			
3523	Konfektionssteg - Längeneinheit	2			
3524	Konfektionssteg - Längeneinh. mit Schleimhautkont.	4			
3525	Steg-Abknickung	10			
3541	Konfektionsriegel primär	0			
3601	Konfektionsgesch. sekundär in Kunststoffbasis	20			
3602	Konfektionsgeschiebe - sekundär an Metallbasis	20			
3603	Konfektionsgesch. verriegelnd sekundär an Metallb.	35			
3621	Konfektions-Steglasche an/in Kunststoffbasis	18			
3622	Konfektions-Steggeschiebe an/in Kunststoffbasis	34			
3623	Konfektions-Steglasche an/in Metallbasis	18			

BEB-Nr.	BEB-Bezeichnung	Planzeit in Mln.	Zuschlag Qualifik.	Zuschlag Geräte	Zuschlag Material
3624	Konfektions-Steggeschiebe an/in Metallbasis	34			
3641	Konfektionsriegel sekundär	0			
3701	Tertiärkrone	0			
3702	Tertiärkrone, für Kunststoffverblendung	0			
3703	Tertiärkrone, für Keramikverblendung	0			
3901	Konfektioniertes Friktionselement in Sekundärteil	18			
3902	Individuelles Friktionselement in Sekundärteil	24			
3903	Friktionsstift	8			
3904	Federbolzen	36			
3905	Verschraubung konfektioniert	45			
3906	Verschraubung individuell	30			
3915	Verbolzung funkenerodiert	0			
3921	Konfektionsteil zur Befestigung von abnehmbarem Zahnfleisch	35			
3931	Lösungsknopf für Verbindungselement	0			
3983	Titan verarbeiten bei Verbindungselementen	0			
4001	Metallbasis Oberkiefer total	88			
4002	Metallbasis Oberkiefer partiell	97			
4003	Metallbasis Unterkiefer total	77			
4004	Metallbasis Unterkiefer partiell	97			
4005	Metallbasis als fortlaufende Klammer ohne Bügel	124			
4006	Metallbasis Unterkiefer als Vestibulärbügel	114			
4007	Gitter total oder Bügel	70			
4008	Gitter partiell	70			
4010	Silberzinnbasis	72			
4101	Einarmige Klammer	10			
4102	Inlayklammer	8			
4103	Kralle	12			
4104	Approximalklammer	15			
4105	Bonyhard-Klammer, J-Klammer	15			
4106	Fortlaufende Klammer	10			
4107	Gegenlager	10			
4111	Zweiarmige Klammer	15			

BEB-Nr.	BEB-Bezeichnung	Planzeit in Min.	Zuschlag Qualifik.	Zuschlag Geräte	Zuschlag Material
4112	Zweiarmige Klammer mit Auflage	18			
4113	Rücklaufklammer	20			
4114	Ringklammer	15			
4115	Ringklammer mit Auflage	18			
4116	Überwurfklammer, zweiarmig	22			
4117	Bonyhard-Klammer, J-Klammer mit Auflage und Gegenlager	24			
4118	Doppelbogenklammer	15			
4119	Bonwill-Klammer	35			
4120	Jackson-Klammer	22			
4121	Stiel	10			
4122	Auflage	8			
4131	Kappe	18			
4201	Gegossene Retention	25			
4202	Gegossenes Basisteil	32			
4203	Retention an Sekundärteil	8			
4401	Einarmige Klammer	12			
4402	Inlayklammer	12			
4403	Bonyhard-Klammer, J-Klammer	10			
4404	Überwurfklammer einarmig	16			
4405	Doppelbogenklammer	16			
4406	Interdental-Knopfklammer	10			
4407	Kralle	14			
4408	Gegenlager	10			
4411	Zweiarmige Klammer	12			
4412	Zweiarmige Klammer mit Auflage	20			
4413	Bonyhard-Klammer, J- Klammer mit Auflage und Gegenlager	24			
4414	Überwurfklammer, zweiarmig	20			
4421	Auflage	10			
4431	Federarm inkl. Federarmlager	48			
4501	Gebogener Bügel, Oberkiefer	68			
4502	Gebogener Bügel, Unterkiefer	54			

BEB-Nr.	BEB-Bezeichnung	Planzeit in Min.	Zuschlag Qualifik.	Zuschlag Geräte	Zuschlag Material
4503	Gebogene Retention	10			
4901	Kragenfassung	8			
4902	Rückenschutzplatte für Kst.Verbl. Frontzahn	0			
4903	Rückenschutzplatte für Kst.Verbl. Backenzahn	40			
4904	Rückenschutzplatte für Keramikverblendung	36			
4905	Metallzahn	35			
4906	Metallkaufläche	31			
4907	Metallfläche als Tuberabdeckung	10			
4908	Umgehungsbügel bei Diastoma	14			
4921	Hilfsteilpassung	19			
4922	Stegpassung	12			
4923	Führungsfläche	10			
4931	Rotationsgelenk an Metallbasis	36			
4941	Lösungsknopf für Friktionsprothese	8			
4942	Unterfütterbarer Abschlussrand	12			
4943	Saugkammer	6			
4944	Retentionsknopf für Sauger	15			
4951	Klammer einzeln gegossen	26			
4981	Mehraufwand für Ausf. in EM	0			
4983	Titan verarbeiten bei herausnehmbarem Zahnersatz	0			
5001	Lötung 1: Ohne Vorlötung bei gleichen Legierungen	8			
5002	Lötung 2: Mit Vorlötung bei gleichen Legierungen	12			
5003	Lötung 3: Mit Vorlötung bei unterschiedlichen Legierungen	14			
5004	Lötung 4: Hilfsteil an Basislegierung bei gleichen Legierungen	12			
5005	Lötung 5: Hilfsteil an Basislegegierung bei unterschiedlichen Legierungen	14			
5006	Zuschlag bei Lötung nach Keramikverblendung	15			
5051	Lötung auf Modell - Grundeinheit	25			
5052	Lötung - je zusätzliche Einheit	12			
5053	Lötung Drahtbruch	12			
5101	Lötfreie Verbindung Primärteil	6			

BEB-Nr.	BEB-Bezeichnung	Planzeit in Min.	Zuschlag Qualifik.	Zuschlag Geräte	Zuschlag Material
5102	Lötfreie Verbindung Sekundärteil	9			
5103	Lichtbogenschweißen je Verbindung	5			
5104	Plasmaschweißen je Verbindung	9			
5105	Laserschweißen unter Argon 99 %	14			
5109	Punktschweißen je Verbindung	4			
5201	Vorvergoldung	15			
5202	Hauptvergoldung	10			
5203	Teilvergoldung	30			
5204	Vollvergoldung	25			
5205	Klammer vergolden	30			
5206	Vergoldung Krone oder Brückenglied	21			
5211	Lötvergoldung	10			
5301	Deckgold aufbrennen	8			
5302	Bonder aufbrennen	8			
5305	Verzinnen	8			
5306	Keramik/gegossenes Glas konditionieren	4			
5307	Metallfläche konditionieren	8			
5308	Modellgussteil konditionieren	12			
5309	Kunststofffläche konditionieren	4			
5401	Keramik/gegossenes Glas ätzen	4			
6001	Aufstellen Grundeinheit	27			
6002	Aufstellen je Zahneinheit auf Wachs oder Kostenbasis	6			
6003	Aufstellen je Zahneinheit auf Metallbasis	7			
6004	Aufstellen je Zahneinheit bei Totalprothesen OK und UK	8			
6009	Umstellen je Zahneinheit	6			
6021	Übertragen einer Wachsaufstellung auf Metallbasis	4			
6121	Zuschlag für Aufst.bei Anwesenheit des Patienten	0			
6142	Systemaufstellung 2	0			
6143	Systemaufstellung 3	0			
6144	Systemaufstellung 4	0			
6301	Grundeinheit Fertigstellung mit Kunststoffbasis	60			
6302	Fertigstellen mit Kunststoffbasis, je Zahneinheit	2			

BEB-Nr.	BEB-Bezeichnung	Planzeit in Min.	Zuschlag Qualifik.	Zuschlag Geräte	Zuschlag Material
6311	Grundeinheit Fertigstellung auf Metallbasis	35			
6312	Fertigstellen auf Metallbasis je Zahneinheit	5			
6401	Transparente Gaumenplatte	31			
6402	Prothese aus transparentem Kunststoff	15			
6403	Prothese aus Schwerkunststoff	20			
6404	Basisteil aus Weichkunststoff	42			
6405	Basis aus Weichkunststoff	55			
6411	Spezialpressverfahren	0			
6412	Sonderkunststoff verarbeiten	0			
6414	Kunststoff an unterfütterbarem Abschlussrand	8			
6421	Prothese aus Kautschuk	0			
6431	Befestigung eines Zahns mit zahnf. Kunstst., Pontic	7			
6432	Herstellung eines Zahns a. zahnf. Kunststoff	25			
6433	Kaufläche aus zahnfarbenem Kunststoff	15			
6441	Charakterisieren einer Basis	0			
6451	Zahnfleischklammer	10			
6452	Pelottenklammer	18			
6461	Lösungsknopf für Friktionsprothese	6			
6471	Aufwand bei Fertigstellung über Implantat	0			
6481	Reokkludieren einer Prothese	5			
6482	Remontage Prothetik	20			
6483	Selektives Einschleifen Prothetik	31			
6501	Netz einarbeiten	33			
6502	Gussgitter einarbeiten	16			
6503	Konfektioniertes Metallgitter anpassen und einarbeiten	36			
6504	Draht einarbeiten	12			
6505	Bügel einarbeiten	16			
6506	Individuelle Beschwerungseinlage einarbeiten	15			
6507	Konfektionierte Beschwerungseinlage einarbeiten	18			
6509	Retention für Einzelzahn einarbeiten	10			
6512	Saugkammer einarbeiten	4			
6521	Metallfacette einarbeiten	12			

BEB-Nr.	BEB-Bezeichnung	Planzeit in Min.	Zuschlag Qualifik.	Zuschlag Geräte	Zuschlag Material
6522	Inlay in Prothesenzahn einarbeiten	45			
6531	Federpaar einarbeiten	66			
6532	Magnetpaar einarbeiten	48			
6936	Indiv.charakteris.Konfektionszahn Keramik	0			
6937	Individuell charakterisieren, Konfektionszahn Kunststoff	0			
6938	Zuschlag für verschiedene Zahnfarben	0			
7001	Basis für Einzelkiefergerät	65			
7002	Basis für FKO-Gerät	115			
7003	Grundbogen Oberkiefer oder Unterkiefer	30			
7005	Positioner	140			
7007	Vorhofplatte	100			
7011	Kinnkappe mit Retentionshaken	75			
7021	Basis für schiefe Ebene aus Kunststoff	48			
7031	Basis für schiefe Ebene aus Metall	78			
7101	Tropfenklammer	10			
7102	Ösenklammer	10			
7104	Dreiecksklammer	10			
7105	Pfeilanker	10			
7106	Adams-Klammer	16			
7107	Pfeilklammer	20			
7108	Voß-Klammer	16			
7109	Verankerungsklammer	32			
7110	Haltesporn	10			
7121	Dorn	10			
7122	Auflage	10			
7201	Frontaler oder lateraler Aufbiss hart	16			
7202	Frontaler oder lateraler Aufbiss weich	38			
7211	Schiefe Ebene aus Kunststoff, je Zahneinheit	18			
7221	Schiefe Ebene aus Metall, je Zahneinheit	25			
7231	Vorbiss oder Rückbiss	18			
7241	Pelotte	28			
7242	Kunststoffschild	28			

BEB-Nr.	BEB-Bezeichnung	Planzeit in Min.	Zuschlag Qualifik.	Zuschlag Geräte	Zuschlag Material
7243	Zungengitter	22			
7301	Labialbogen	24			
7302	Labialbogen, modifiziert	31			
7303	Labialbogen, intermaxilär	48			
7304	Hochlabialbogen	31			
7311	Feder offen	10			
7312	Feder geschlossen	14			
7313	Feder gekreuzt	12			
7314	Feder kompliziert	15			
7321	Protrusionsbogen	20			
7322	Coffin-Feder	30			
7323	Lingualbogen	30			
7324	Palatinalbogen	38			
7325	Lingualer Frontalbogen	20			
7331	Aktiver Sporn	12			
7332	Rücklaufsporn	12			
7333	Führungssporn	12			
7334	Interokklusal-Stop	10			
7341	U-Bügel	35			
7342	Federbügel	35			
7343	Doppelplatten-Führungssporn	35			
7351	Schraube einarbeiten	22			
7352	Schraube einarbeiten, kompliziert	32			
7353	Spezialschraube zur Einzelzahnbewegung	26			
7354	Spezialschraube zur Sektorenbewegung	24			
7355	Spezialschraube zur asymmetrischen Bewegung	25			
7356	Spezialschraube zur Metallverbindung	32			
7401	Ankerband	32			
7402	Band auf Modell aufpassen	15			
7403	Ankerkappe	30			
7406	Innenbogen	48			
7407	Teilinnenbogen	28			
7410	Außenbogen	55			

BEB-Nr.	BEB-Bezeichnung	Planzeit in Min.	Zuschlag Qualifik.	Zuschlag Geräte	Zuschlag Material
7411	Teilaußenbogen	38			
7413	Lückenhalter	18			
7415	Spike	7			
7416	Häkchen	10			
7417	Stop	8			
7421	Verarbeiten eines Schlosses	14			
7422	Verarbeiten eines Röhrchens	14			
7424	Druckfeder, Zugfeder	15			
7425	Facebow anpassen	13			
7431	Bracket oder Attachment positionieren	6			
7501	Trennen einer Basis und Funktionsfähigmachen der Schraube	10			
7502	Trennen einer Basis und erschwertes Funktionsfähigmachen der Schraube	15			
7503	Trennen einer Basis ohne Schraube	8			
7504	Funktionsfähigmachen einer Schraube ohne Trennen der Basis	8			
7511	KFO-Platte voreinschleifen	8			
7512	KFO-Gerät voreinschleifen	20			
7601	Schiene tiefgezogen	60			
7602	Schiene tiefgezogen zweiphasig	90			
7603	Knirscherschiene aus Kunststoff	108			
7604	Knirscherschiene aus Weichkunststoff	108			
7605	Retentionsschiene	65			
7606	Medikamententrägerschiene	65			
7611	Schienungskappe aus Kunststoff	17			
7612	Schienungskappe aus Metall	34			
7613	Aufbisskappe aus Kunststoff	25			
7614	Aufbisskappe aus Metall/je Zahn	48			
7621	Adjustierte Aufbissschiene	140			
7622	Aufbissschiene nach Schöttl	200			
7623	Aufbissschiene nach Shore	75			
7624	Aufbissplatte nach Schulz-Bongert	180			

BEB-Nr.	BEB-Bezeichnung	Planzeit in Min.	Zuschlag Qualifik.	Zuschlag Geräte	Zuschlag Material
7625	Bissführungsplatte	108			
7701	Obturator aus Kunststoff	92			
7702	Obturator aus Weichkunststoff	152			
7703	Obturator hohl	138			
7704	Resektionskloß aus Kunststoff	56			
7705	Resektionskloß aus Weichkunststoff	98			
7706	Künstliches Zahnfleisch	0			
7707	Lippenschild	0			
7708	Flexible Zahnfleischepithese Grundeinheit	100			
7709	Flexible Zahnfleischepithese, je Zahn	10			
7711	Wundverbandplatte tiefgezogen	45			
7712	Wundverband Autopolymerisat	60			
7801	Sportschutz aus Weichkunststoff	180			
7802	Kinnschutzkappe	0			
7901	Basisgestaltung farbig	0			
7902	Basisgestaltung mit Gitter	0			
7903	Basisgestaltung mit Motiven	0			
8001	Basisteil unterfüttern	38			
8002	Basis unterfüttern	66			
8003	Basis erneuern	80			
8004	Zuschlag bei Reparatur einer Friktionsprothese	0			
8005	Zuschlag bei Unterfütterung einer Friktionsprothese	67			
8006	Einarb. einer Modellgussb. in vorh. Kunststoffprothese	90			
8011	Instandsetzung einer Prothese, Kunststoffb. oder KFO/FKO Gerät, Grundeinheit	30			
8012	Erweiterung einer Prothese, Kunststoffbasis oder KFO/FKO Gerät, Grundeinheit	30			
8013	Instandsetzen einer Metallbasis, Grundeinheit	35			
8014	Erweitern einer Metallbasis, Grundeinheit	35			
8015	Instandsetzen einer Aufbissschiene, Grundeinheit	30			
8016	Erweitern einer Aufbissschiene, Grundeinheit	30			
8021	Leistungseinheit, Sprung aus Kunststoff	6			
8022	Leistungseinheit, Bruch aus Kunststoff	8			

BEB-Nr.	BEB-Bezeichnung	Planzeit in Min.	Zuschlag Qualifik.	Zuschlag Geräte	Zuschlag Material
8023	Leistungseinheit, Wiederbefestigung Zahn	6			
8024	Leistungseinheit, Erneuerung Zahn	10			
8025	Leistungseinheit, Klammer einarbeiten	10			
8026	Leistungseinheit, Regulierungselemente einarbeiten	12			
8027	Leistungseinheit, Basisteil aus Kunststoff	8			
8028	Leistungseinheit, Sprung aus Metall	18			
8029	Leistungseinheit, Bruch aus Metall	22			
8030	Leistungseinheit, Kunststoffsattel lösen und wiederbefestigen	15			
8031	Leistungseinheit, Herauslösen eines Konfektionszahns	0			
8032	Leistungseinheit, Okklusionsausgleich an Konfektionszahn	0			
8033	Leistungseinheit, Retention / Basisteil einarbeiten	0			
8034	Leistungseinheit, Sekundärteil	0			
8035	Leistungseinheit, Rückenschutzplatte einarbeiten	0			
8041	Leistungseinheit, Herauslösen von Halte- bzw. Regulierungselementen	4			
8042	Remontieren von KFO-Gerät	0			
8043	Neu Adjustieren einer vorhandenen Schiene	83			
8044	Prothese umarbeiten als Aufbissbehelf	83			
8101	Kunststoffbasis aufpassen	0			
8102	Metallbasis aufpassen	0			
8111	Auswechseln von Konfektionsteil, einfach	0			
8112	Auswechseln von Konfektionsteil, kompliziert	0			
8122	Ausarb. und Polieren nach direkter Unterfütterung	44			
8123	Prothese säubern und polieren	18			
8124	KFO-Gerät säubern und polieren	18			
8125	Schiene säubern und polieren	18			
8201	Kronen- oder Brückengliedreparatur, Grundeinheit	34			
8202	Leistungseinheit, Trennspalt	18			
8203	Leistungseinheit, Verlängerung	18			
8204	Leistungseinheit, Bruch/Riss	10			
8205	Leistungseinheit, Kontaktpunkt	10			

BEB-Nr.	BEB-Bezeichnung	Planzeit In Min.	Zuschlag Qualifik.	Zuschlag Geräte	Zuschlag Material
8206	Leistungseinheit, Vorbereitung für Verblendung	5			
8207	Leistungseinheit, Brückenteil wiederverwenden	34			
8208	Leistungseinheit, nachbereiten Keramikverblendung	0			
8211	Leistungseinheit, Instandsetzen individueller Riegel	0			
8212	Leistungseinheit, Aktivieren Teleskopkrone oder Steggeschiebe	0			
8221	Leistungseinheit, Instandsetzen Kunststoffverblendung	0			
8222	Leistungseinheit, Instandsetzen Keramikverblendung	0			
8223	Leistungseinheit, Retentionen an Verblendfläche	15			

ANHANG 2:
PLZ – Planzeiten/exkl. Verteilzeit

PLZ-Nr.	PLZ-Bezeichnung	Planzeit in Min.	Zuschlag Qualifik.	Zuschlag Geräte	Zuschlag Material
1	Modell aus Hartgips	8	0	0	0
2	Modell aus Superhartgips	12	0	0	0
3	Okklusionsmodell	18	0	0	0
4	Modell nach Abformgerät	21	0	0	0
5	Modell für Modellguss	12	0	0	0
6	Zahnkranz ausgießen	10	0	0	0
7	Kontrollmodell	6	0	0	0
8	Modell für Facette	0	0	0	0
9	Modell aus Kunststoff	18	0	0	0
10	Spezialmodell	31	0	0	0
11	Modell aus feuerfester Masse	10	0	0	0
12	Teilmodell aus feuerfester Masse	13	0	0	0
14	Lötmodell/Laser-Fix-Modell	6	0	0	0
19	Frässockel	9	0	0	0
20	Remontage Modell	25	0	0	0
21	Modell für das Sägen von Stümpfen	11	0	0	0
22	Okklusionsmodell für Sägesegmente	22	0	0	0
23	Modell für Einzelstümpfe	12	0	0	0
26	Modell nach Funktionsabdruck	9	0	0	0
103	Stumpf sägen	2	0	0	0
104	Stumpf aus Superhartgips	6	0	0	0
105	Stumpf aus Kunststoff	4	0	0	0
106	Stumpf aus Metall	8	0	0	0
112	Stumpf aus feuerfester Masse	15	0	0	0
114	Frässtumpf aus Superhartgips	5	0	0	0
115	Frässtumpf aus Kunststoff	6	0	0	0
116	Frässtumpf aus Metall	9	0	0	0
117	Kunststoff-Stumpf, festsitzend	6	0	0	0
201	Stumpfabdruck galvanisieren	6	0	5	0
205	Abdruck galvanisieren	15	0	6	0
211	Abdruckmanschette	3	0	0	0

PLZ-Nr.	PLZ-Bezeichnung	Planzeit in Min.	Zuschlag Qualifik.	Zuschlag Geräte	Zuschlag Material
212	Dowel-Pin setzen	2	0	0	0
213	Ausblocken Stumpf	2	0	0	0
214	Reponieren eines Stumpfs	4	0	0	0
215	Zweitstumpfübertragung in Arbeitsmodell	8	0	0	0
216	Stumpf vorbereiten	2	2	0	0
217	Stumpf unter Mikroskop vorbereiten	5	2	2	0
221	Platzhalter einfügen	10	0	0	0
222	Modellergänzung aus Kunststoff	15	0	0	0
223	Zahnfleischmaske abnehmbar, je Segment	14	2	0	3
224	Abdruckpfosten repositionieren	4	0	0	0
225	Modellimplantat auf Implantatpfosten aufschrauben	4	0	0	0
241	Dublieren eines Modells	7	0	0	5
243	Dublieren eines Einzelstumpfs	8	0	0	2
251	Angeliefertes Modell untersockeln	6	0	0	0
252	Angeliefertes Modell oder Zahnkranz bearbeiten	4	0	0	0
253	Split-Cast Sockel an Modell	6	0	0	0
301	Zahn vermessen	2	0	0	0
302	Modell vermessen	5	0	0	0
303	Modell ausblocken	4	0	0	0
304	Zahn radieren	1	0	0	0
306	Abdecken eines Kieferteils	3	0	0	1
307	Radieren des Abschlussrands	3	0	0	0
308	Radieren nach System	9	0	0	0
401	Montage eines Modellpaars in Fixator	8	0	0	0
402	Einst. i. Mittelwertartikulator	10	0	0	0
404	Modellmontage in Artex ,SAM o.ä., inkl. Konterplatten	12	0	0	2
405	Modellmontage in individuellen Artikulator II	9	0	3	0
406	Modellmontage in individuellen Artikulator III	20	0	3	0
408	Montage eines Gegenkiefermodells	7	0	0	0
501	Übertragungslehre für Zweitmontage	10	0	0	0
511	Mehraufwand für Einstellen nach Zentrikregistrat	7	0	0	0

PLZ-Nr.	PLZ-Bezeichnung	Planzeit in Min.	Zuschlag Qualifik.	Zuschlag Geräte	Zuschlag Material
521	Auswerten eines Registrats	5	1	0	0
522	Frontzahnführungsteller individuell	16	2	0	0
601	Modellpaar trimmen, okklusionsbezogen	13	0	0	0
602	Modellpaar sockeln, dreidimensional	28	0	0	0
603	Modellpaar sockeln, dreidimensional, in Kunststoffform	33	0	0	0
604	Modellpaar in Gipssockel fixieren	9	0	0	0
701	Versand je Versandgang	0	0	0	0
702	Sonderversand oder Fahrtkosten	0	0	0	0
706	Video-Dokumentation 16,7 Mio. Farben	10	0	2	0
710	Eilterminzuschlag	0	0	0	0
711	Artikulator teiladjustierbar ausleihen	0	0	0	0
712	Artikulator volladjustierbar ausleihen	0	0	0	0
721	Zeiteinheit, Zahntechnikermeister zehn Minuten	10	0	0	0
722	Zeiteinheit, Zahntechniker zehn Minuten	8	0	0	0
723	Individuelle Zahnfarben-Bestimmung im Labor	0	10	0	0
724	Zahnfarben-Bestimmung in der Praxis	25	0	0	0
731	Individuelle Namenskennzeichnung bei herausnehmbarem Zahnersatz	15	0	0	0
732	Desinfektion	6	0	0	0
801	Prothetische Planung	25	0	0	0
802	Prothetische Alternativplanung	15	0	0	0
811	Modellanalyse für Prothetik	25	0	0	0
812	Modellanalyse für KFO	25	0	0	0
821	Kostenplan für Prothetik: Der Betrag wird bei Auftragsert. verrechnet	15	0	0	0
831	Zahn diagnostisch beschleifen oder radieren	5	0	0	0
832	Diagnostisches Modellieren oder Aufwachsen	15	0	0	0
833	SET-UP je Zahn	9	0	0	0
834	Diagnostisches Aufstellen von Konfektionszähnen	6	0	0	0
1001	Basis aus thermoplastischem Material	12	0	0	0

PLZ Nr.	PLZ-Bezeichnung	Planzeit In Min.	Zuschlag Qualifik.	Zuschlag Geräte	Zuschlag Material
1002	Basis für Aufstellung	20	0	0	0
1003	Basis aus Kunststoff	20	0	0	0
1005	Funktionslöffel aus Kunststoff	22	0	0	0
1006	Individueller Löffel aus Kunststoff	22	0	0	0
1007	FU-Löffel bei Implantatversorgung	35	3	0	0
1011	Basis aus Kunststoff bei Defektversorgung	25	0	0	0
1012	Basis aus Kunststoff auf Implantat	28	0	0	0
1019	Basis für neue Abdrucknahme vorbereiten	10	0	0	0
1111	Bisswall aus Wachs auf Basis	7	0	0	0
1112	Bisswall aus thermoplastischem Material auf Basis (Beauty-Pink)	14	0	0	0
1113	Bisswall aus Kunststoff auf Basis	13	0	0	1
1114	Bisswall folienbeschichtet n. Schreinemakers auf Basis	15	0	0	0
1115	Registrierplatte und -stift auf Basen	20	0	0	2
1121	Spezialbissplatte	15	0	0	0
1122	Wachsplatte für Bissregistrierung in Artikulator vorbereitet	7	0	0	0
1131	Kunststoffaufbau zur Bissfixierung je Modellpaar	10	0	0	4
1201	Übertragungskappe aus Kunststoff	14	0	0	0
1202	Übertragungskappe aus Metall	30	0	0	0
1204	Tiefziehteil	14	0	0	0
1221	Parallelbohrschablone pro Zahn	30	0	0	0
1222	Remontageschiene	28	0	0	0
1223	Parallelbohrschablone für Implantat	30	0	0	0
1224	Glasklare Positionierungsschiene	25	0	0	0
1225	Implantat-Kontrollschablone	32	0	0	0
1231	Paraokklusaler Löffel	40	0	0	0
1251	Vorwall	4	0	0	0
1311	Röntgenkugel positionieren	4	0	0	0
1312	Positionierungsstift	6	0	0	0
1341	Walkhoffsche Tastkugel an Bissschablone	5	0	0	0

PLZ-Nr.	PLZ-Bezeichnung	Planzeit in Min.	Zuschlag Qualifik.	Zuschlag Geräte	Zuschlag Material
1351	Vorwall und Zähne nach Einprobe üb. Impl. anpassen	8	0	0	0
1401	Prov. Krone, Brückengl., Stiftzahn, Onlay, Inlay aus Kunststoff	30	0	0	0
1402	Prov. Krone, Brückengl., Stiftzahn, Onlay, Inlay aus Metall	40	0	0	0
1403	Metallarmierung für provisorische Versorgung	30	0	0	0
1404	Formteil für provisorische Versorgung, je Kiefer	20	0	0	0
1411	Aufstellen eines fehlenden Zahns zum Herstellen eines Formteils	4	0	0	0
1421	Metallprovisorium verblenden, einfarbig	20	0	0	3
1422	Metallprovisorium verblenden, mehrfarbig	30	0	0	3
1601	Testplättchen, Metall	9	0	0	0
1602	Testplättchen, Kunststoff	9	0	0	0
1603	Testplättchen, Keramik	9	0	0	0
1604	Testplättchen, Polymer-Glas	9	0	0	1
1611	Testplättchen, Metall / Kunststoff	14	0	0	0
1612	Testplättchen, Metallkeramik	16	0	0	0
1613	Testplättchen, Metall / Polymer-Glas	16	0	0	0
2001	Wurzelstift gegossen	25	0	0	0
2002	Stiftaufbau direkt	30	0	0	0
2003	Stiftaufbau indirekt	50	0	0	0
2011	Wurzelkappe direkt ohne Aufbau	30	0	0	0
2012	Wurzelkappe indirekt ohne Aufbau	49	0	0	0
2032	Verlängerungshülse für Implantat	10	0	0	0
2101	Krone gegossen, einfach	68	0	0	0
2102	Krone, gegossen nach Stufenpräparation, individuell/anatomisch	82	0	0	0
2103	Halbkrone, gegossen	75	0	0	0
2104	Dreiviertelkrone, gegossen	77	0	0	0
2105	Anker, gegossen für Klebebrücke	70	0	0	0
2107	Wurzelkappe, gegossen mit Aufbau für Krone	55	0	0	0

PLZ-Nr.	PLZ-Bezeichnung	Planzeit In Min.	Zuschlag Qualifik.	Zuschlag Geräte	Zuschlag Material
2109	Implantat-Divergenz-Ausgleichskrone, gegossen	55	0	0	0
2111	Krone, gegossen für Kunststoffverblendung	70	0	0	0
2112	Facette, gegossen	65	0	0	0
2117	Wurzelkappe, gegossen mit Rückenpl./Kaufl. für Kunststoffverblendung	75	0	0	0
2121	Krone, gegossen für Keramik- oder Polymer-Glas-Teilverblendung	60	0	0	0
2122	Krone, gegossen für Keramik- oder Polymer-Glas-Vollverblendung	55	0	0	0
2123	Stufenkrone, gegossen für Keramik- oder Polymer-Glas-Teilverblendung	62	0	0	0
2124	Stufenkrone, gegossen für Keramik- oder Polymer-Glas-Vollverblendung	58	0	0	0
2126	Dreiviertelkrone, gegossen für Keramik- oder Polymer-Glas-Verblendung	60	0	0	0
2127	Wurzelkappe, geg.mit Rückenpl./Kaufl. f. Keramik- oder Polymer-Glas Verbl.	73	0	0	0
2135	AGC-Krone galvanisieren	0	0	0	0
2136	AGC-Krone ausarbeiten	0	0	0	0
2137	AGC-Teilkrone aufpassen	0	0	0	0
2138	Systemaufwand Sondertechnik Galvano	12	0	0	0
2141	Foliengerüst für Krone zur Keramikverblendung	48	0	0	0
2211	Mantelkrone Frontzahn, Kunststoff	75	0	0	0
2212	Mantelkrone Seitenzahn, Kunststoff	79	0	0	0
2213	Stiftkrone, Kunststoff	75	0	0	0
2219	Verbindungsstelle, Kunststoff	4	0	0	0
2231	Mantelkrone Frontzahn, Keramik	89	0	0	2
2232	Mantelkrone Seitenzahn, Keramik	91	0	0	2
2261	In-Ceram-Hartkernkeramik-Krone zur Keramik-Vollverblendung	0	0	0	0
2269	Verbindungsstelle Hartkernkeramik	0	0	0	0
2311	Brückenglied, Vollguss, Standard (anatomisch)	48	0	0	0

PLZ-Nr.	PLZ-Bezeichnung	Planzeit in Min.	Zuschlag Qualifik.	Zuschlag Geräte	Zuschlag Material
2312	Brückenglied, gegossen für Kunststoff-Verblendung	54	0	0	0
2313	Brückenglied, gegossen für Keramik- oder Polymer-Glas Teilverblendung	50	0	0	0
2314	Brückenglied, gegossen für Keramik- oder Polymer-Glas Vollverblendung	46	0	0	0
2315	Gussbrückenglied für keramische Vollverblendung mit Anker für AGC-Krone	85	5	3	0
2361	Brückenglied, Keramik massiv	91	0	0	0
2362	Hartkerngerüst für Brückenglied	0	0	0	0
2401	Gussinlay indirekt einflächig	50	20	0	0
2402	Gussinlay indirekt zweiflächig	64	10	0	0
2403	Gussinlay indirekt dreiflächig	78	15	0	0
2404	Gussinlay indirekt mehrflächig	80	20	0	0
2405	Kreuzgussinlay	80	20	0	0
2407	Guss-Onlay	78	20	0	0
2408	Gussinlay als Unterfüllung	60	0	0	0
2425	AGC-Inlay galvanisieren	0	0	0	0
2426	AGC-Inlay 1-flächig aufpassen	0	0	0	0
2427	AGC-Inlay 2-flächig aufpassen	0	0	0	0
2428	AGC-Inlay 3-flächig aufpassen	0	0	0	0
2429	AGC-Inlay mehrflächig aufpassen	0	0	0	0
2511	Inlay, Kunststoff einflächig	50	0	0	0
2512	Inlay, Kunststoff zweiflächig	65	0	0	0
2513	Inlay, Kunststoff dreiflächig	68	0	0	0
2514	Inlay, Kunststoff mehrflächig	70	0	0	0
2515	Onlay, Kunststoff	70	0	0	0
2521	Inlay, Keramik einflächig	84	10	0	0
2522	Inlay, Keramik zweiflächig	86	10	0	0
2523	Inlay, Keramik dreiflächig	90	10	0	0
2524	Inlay, Keramik mehrflächig	100	10	0	0
2525	Onlay, Keramik	95	10	0	0

PLZ-Nr.	PLZ Bezeichnung	Planzeit in Min.	Zuschlag Qualifik.	Zuschlag Geräte	Zuschlag Material
2554	„Inlay, Keramik gefräst mehrflächig; Onlay"	0	0	0	0
2555	Onlay, Keramik gefräst	0	0	0	0
2559	„Pro-Inlay, mehrflächig; Onlay"	0	0	0	0
2581	Inlay, Polymer-Glas einflächig	80	15	0	5
2582	Inlay, Polymer-Glas zweiflächig	82	15	0	10
2583	Inlay, Polymer-Glas dreiflächig	85	15	0	13
2584	Inlay, Polymer-Glas mehrflächig	95	10	0	10
2585	Onlay, Polymer-Glas	94	10	0	10
2589	Verbindungsstelle Polymer-Glas	5	0	0	0
2601	Teil-Verblendung Kunststoff	47	0	0	5
2602	Voll-Verblendung Kunststoff	55	0	0	7
2603	Verblendschale Kunststoff	60	0	0	10
2611	Teil-Verblendung Keramik	65	0	0	0
2612	Mehrflächig Verblendung Keramik	80	0	0	0
2613	Verblendschale aus Keramik	112	5	0	0
2615	AGC-Krone keramisch verblendet	85	0	0	0
2616	AGC-Inlay keramisch verblendet	103	0	0	0
2661	Teil-Verblendung, Polymer-Glas	55	0	0	5
2662	Voll-Verblendung, Polymer-Glas	75	0	0	10
2663	Verblendschale Polymer-Glas	75	0	0	5
2671	Papille, Kunststoff	5	0	0	0
2672	Zahnfleisch, Kunststoff	10	0	0	0
2673	Wurzelpontic, Kunststoff	15	0	0	0
2675	Schulter aus Keramik	30	6	0	0
2676	Papille aus Keramik	18	0	0	0
2677	Zahnfleisch aus Keramik	35	0	0	0
2678	Wurzelpontic aus Keramik	42	0	0	0
2679	Sattelpontic aus Keramik	30	0	0	0
2681	Schulter aus Polymer-Glas	25	0	0	0
2682	Papille aus Polymer-Glas	16	0	0	0
2683	Zahnfleisch aus Polymer-Glas	22	0	0	15

PLZ-Nr.	PLZ-Bezeichnung	Planzeit in Min.	Zuschlag Qualifik.	Zuschlag Geräte	Zuschlag Material
2684	Wurzelpontic aus Polymer-Glas	30	0	0	10
2685	Sattelpontic aus Polymer-Glas	25	0	0	8
2689	Farbanpassung durch Bemalen	70	0	0	0
2691	Keramik-Konfektionszahn einarbeiten	28	0	0	0
2695	Kosmetische Modellation einer Verblendung in Wachs für Einprobe	10	0	0	0
2801	Kaufläche nach gnathologischen Kriterien gestaltet in Metall	22	10	0	0
2802	Kaufläche nach gnathologischen Kriterien gestaltet in Keramik	27	10	0	0
2803	Frontzahn nach gnathologischen Kriterien gestaltet in Metall	14	10	0	0
2804	Frontzahn nach gnathologischen Kriterien gestaltet in Keramik	14	10	0	0
2811	Selektives Einschleifen nach Remontage/Kr.,Br. Gl., Inlay	10	5	0	0
2901	Stiftaufbau in vorhandene Krone	13	0	0	0
2902	Herausnehmbarer Stift in Stiftaufbau	25	0	0	0
2903	Retention an Wurzelstift	6	0	0	0
2904	Angelieferte Modellation gießen	25	0	0	0
2905	Guss nach angelieferter Modellation bearbeiten	16	0	0	0
2907	Brückenteilungsgeschiebe/ individuell	145	10	0	0
2908	Brückenteilungsgeschiebe/ konfektioniert	85	10	0	0
2911	Krone, Brückenglied für Klammer vorbereiten	10	0	0	0
2912	Krone, Brückengl., Inlay passend f. vorh. Prothese arb.	15	3	0	0
2913	Umgehungsbügel bei Diastema	14	0	0	0
2915	Okklusaler Stop	8	0	0	0
2916	Lösungsknopf für abnehmbare Brücke	13	0	0	0
2917	Lösungsknopf für Krone oder Inlay	2	0	0	0
2918	Auflage an Brückenglied	14	0	0	0
2922	Krone / Inlay/ Brückenglied aufpassen	8	0	0	0
2923	Aufpassen auf Zweitmodell je Pfeiler	0	0	0	0

PLZ-Nr.	PLZ-Bezeichnung	Planzeit In Min.	Zuschlag Qualifik.	Zuschlag Geräte	Zuschlag Material
2931	Zusatzaufwand bei vorhandenem Primärteil	25	0	0	0
2932	Zusatzaufwand bei vorhandenem Sekundärteil	35	0	0	0
2941	Individuell charakterisieren, Kunststoff	15	5	0	0
2945	Individuell charakterisieren, Polymer-Glas	18	10	0	0
2951	Individuell charakterisieren, Keramik	18	5	0	0
2952	Zuschlag bei Verarbeitung von Spezialkeramik	0	0	0	0
2954	Verbindungsstelle Keramik	8	0	0	0
2955	Glasieren, je Einheit	5	0	0	0
2959	Mehraufwand durch Rohbrandeinprobe	8	0	0	0
2961	Kronenverband, Brücken, 6 Einheiten und mehr	9	0	0	0
2963	Mehrere Farben in Krone- oder Brücke	15	0	0	0
2965	Zuschlag für Arbeiten unter Stereomikroskop	9	5	0	0
2971	Aufwand bei Suprastruktur auf Implantat	40	20	0	0
2972	Aufwand zu Suprastruktur bei verschraubbarem Implantat	60	50	0	0
2981	Zuschlag für die Verarbeitung von Nicht-Edelmetallen, je Einheit	5	0	5	0
2982	Sonderlegierung verarbeiten	0	0	0	0
2983	Titan verarbeiten bei festsitzendem ZE	19	0	0	0
3001	Teleskopkrone primär	50	0	0	0
3002	Doppelkrone primär	55	0	0	0
3003	Teleskop- oder Doppelkrone primär als Wurzelstiftkrone	66	12	0	0
3004	Teleskop-Teilkrone primär	80	15	0	0
3005	Teleskop-Teilkrone primär für Kunststoffverblendung	90	15	0	0
3006	Teleskop-Teilkrone primär für Keramikverblendung	85	15	0	0
3011	Konuskrone primär	55	12	0	0
3012	Konuskrone primär als Wurzelstiftkrone	74	12	0	0
3021	Individuelles Geschiebe primär	55	12	0	0
3022	Lager für RS-Geschiebe	20	10	0	0
3023	Lager für Ankerbandklammer	30	10	0	0

PLZ-Nr.	PLZ-Bezeichnung	Planzeit in Min.	Zuschlag Qualifik.	Zuschlag Geräte	Zuschlag Material
3024	Lager für Raste	6	0	0	0
3025	Umlaufraste für Schubverteilungsarm	15	0	0	0
3031	Individueller Steg, Grundeinheit	38	10	0	0
3032	Individueller Steg, Längeneinheit	8	0	0	0
3101	Umlaufende Fräsung	20	6	0	0
3102	Rillen-Schulter-Fräsung	25	12	0	0
3103	Teilfräsung	16	8	0	0
3104	Stegfräsung	10	0	0	0
3105	Geschiebefräsung	22	12	0	0
3106	Bohrung und Fräsung für Friktionsstift	8	8	0	0
3201	Teleskopkrone sekundär	60	10	0	0
3202	Teleskopkrone sekundär für Kunststoffverblendung	65	10	0	0
3203	Teleskopkrone sekundär für Keramikverblendung	78	15	0	0
3204	Konuskrone sekundär	70	10	0	0
3205	Konuskrone sekundär für Kunststoffverblendung	75	10	0	0
3206	Konuskrone sekundär für Keramikverblendung	85	15	0	0
3207	Doppelkrone sekundär	73	10	0	0
3208	Doppelkrone für Kunststoffverblendung sekundär	83	10	0	0
3209	Doppelkrone für Keramikverblendung sekundär	78	10	0	0
3210	Teleskop Teilkrone sekundär	100	15	0	0
3211	Individuelles Geschiebe sekundär	70	0	0	0
3212	Rillen-Schulter-Geschiebe sekundär	73	0	0	0
3213	Ankerbandklammer sekundär	71	10	0	0
3214	Raste in Lager	6	0	0	0
3215	Schubverteilungsarm	30	0	0	0
3221	Individuelles Steggeschiebe	55	0	0	0
3222	Individuelles Steggeschiebe mit Gingivalfassung	70	0	0	0
3301	Indiv. Sek.teil in/an Kunststoffbasis	22	0	0	0
3302	Indiv. Sek.teil in/an Metallbasis	25	0	0	0
3303	Indiv. Sek.teil an/in Brückenkörper oder Sek.teil	24	0	0	0
3321	Steggeschiebe individuell in Kunststoffbasis	37	0	0	0

PLZ-Nr.	PLZ-Bezeichnung	Planzeit in Min.	Zuschlag Qualifik.	Zuschlag Geräte	Zuschlag Material
3322	Steggeschiebe individuell an/in Metallbasis	37	0	0	0
3323	Steggeschiebe individuell an Sekundärteil	37	0	0	0
3401	Drehriegel	138	10	0	0
3402	Doppel-Drehriegel	145	20	0	0
3403	Schwenkriegel	138	15	0	0
3404	Doppel-Schwenkriegel	171	20	0	0
3405	Schub- oder Steckriegel	112	10	0	0
3406	Doppelkronenriegel	171	20	0	0
3501	Konfektionsgeschiebe primär	30	0	0	0
3503	Konfektionsgeschiebe verriegelnd – primär	25	0	0	0
3521	Konfektionssteg – Grundeinheit	23	0	0	0
3522	Konfektionssteg – Grundeinheit mit Schleimhautkontakt	34	0	0	0
3523	Konfektionssteg – Längeneinheit	4	0	0	0
3524	Konfektionssteg – Längeneinheit mit Schleimhautkontakt	8	0	0	0
3525	Steg-Abknickung	10	0	0	0
3541	Konfektionsriegel primär	22	0	0	0
3601	Konfektionsgeschiebe – sekundär in Kunststoffbasis	30	0	0	0
3602	Konfektionsgeschiebe – sekundär an Metallbasis	35	0	0	0
3603	Konfektionsgeschiebe verriegelnd – sekundär an Metallbasis	36	0	0	0
3621	Konfektions-Steglasche an / in Kunststoffbasis	38	0	0	0
3622	Konfektions-Steggeschiebe an / in Kunststoffbasis	38	0	0	0
3623	Konfektions-Steglasche an / in Metallbasis	20	0	0	0
3624	Konfektions-Steggeschiebe an / in Metallbasis	34	0	0	0
3641	Konfektionsriegel sekundär	48	0	0	0
3901	Konfektioniertes Friktionselement in Sekundärteil	18	0	0	0
3902	Individuelles Friktionselement in Sekundärteil	24	0	0	0
3903	Friktionsstift	15	3	0	0
3904	Federbolzen	36	5	0	0
3905	Verschraubung/Verbolzung	45	10	0	0

PLZ-Nr.	PLZ-Bezeichnung	Planzeit in Min.	Zuschlag Qualifik.	Zuschlag Geräte	Zuschlag Material
3906	Verschraubung Implantat	25	10	0	0
3931	Lösungshilfe für Verbindungselement	15	0	0	0
4001	Metallbasis Oberkiefer total	99	0	0	0
4002	Metallbasis Oberkiefer partiell	103	0	0	0
4003	Metallbasis Unterkiefer total	99	0	0	0
4004	Metallbasis Unterkiefer partiell	111	0	0	0
4005	Metallbasis als fortlaufende Klammer ohne Bügel	131	0	0	0
4006	Metallbasis Unterkiefer als Vestibulärbügel	114	0	0	0
4007	Gitter total oder Bügel	96	0	0	0
4008	Gitter partiell	46	0	0	0
4010	Silberzinnbasis	99	0	0	0
4101	Einarmige Klammer	11	0	0	0
4102	Inlayklammer	11	0	0	0
4103	Kralle	11	0	0	0
4104	Approximalklammer	20	0	0	0
4105	Bonyhard-Klammer, J-Klammer	12	0	0	0
4106	Fortlaufende Klammer	11	0	0	0
4107	Gegenlager	11	0	0	0
4111	Zweiarmige Klammer	21	0	0	0
4112	Zweiarmige Klammer mit Auflage	27	0	0	0
4113	Rücklaufklammer	27	0	0	0
4114	Ringklammer	21	0	0	0
4115	Ringklammer mit Auflage	27	0	0	0
4116	Überwurfklammer, zweiarmig	21	0	0	0
4117	Bonyhard-Klammer, J-Klammer mit Auflage und Gegenlager	28	0	0	0
4118	Doppelbogenklammer	20	0	0	0
4119	Bonwill-Klammer	41	0	0	0
4120	Jackson-Klammer	29	0	0	0
4121	Stiel	11	0	0	0
4122	Auflage	9	0	0	0

PLZ-Nr.	PLZ-Bezeichnung	Planzeit in Min.	Zuschlag Qualifik.	Zuschlag Geräte	Zuschlag Material
4131	Kappe	29	0	0	0
4201	Gegossene Retention	20	0	0	0
4202	Gegossenes Basisteil	40	0	0	0
4203	Retention an Sekundärteil	8	0	0	0
4401	Einarmige Klammer	8	0	0	0
4402	Inlayklammer	9	0	0	0
4403	Bonyhard-Klammer, J-Klammer	9	0	0	0
4404	Überwurfklammer einarmig	16	0	0	0
4405	Doppelbogenklammer	16	0	0	0
4406	Interdental-Knopfklammer	9	0	0	0
4407	Kralle	11	0	0	0
4408	Gegenlager	9	0	0	0
4411	Zweiarmige Klammer	15	0	0	0
4412	Zweiarmige Klammer m. Auflage	18	0	0	0
4413	Bonyhard-Klammer, J- Klammer mit Auflage und Gegenlager	20	0	0	0
4421	Auflage	9	0	0	0
4431	Federarm inkl. Federarmlager	45	0	0	0
4501	„Bügel biegen; Oberkiefer"	25	0	0	0
4502	„Bügel biegen; Unterkiefer"	30	0	0	0
4503	Gebogene Retention	10	0	0	0
4901	Kragenfassung	11	0	0	0
4902	Rückenschutzplatte für Kst.Verbl. Frontzahn	50	0	0	0
4903	Rückenschutzplatte für Kst.Verbl. Backenzahn	54	0	0	0
4905	Metallzahn	35	0	0	0
4906	Metallkaufläche	35	0	0	0
4907	Metallfläche als Tuberabdeckung	11	0	0	0
4908	Umgehungsbügel bei Diastema	14	0	0	0
4921	Hilfsteilpassung	15	0	0	0
4922	Stegpassung, je ersetz.Zahn	9	0	0	0
4923	Führungsfläche	10	0	0	0

PLZ-Nr.	PLZ-Bezeichnung	Planzeit in Min.	Zuschlag Qualifik.	Zuschlag Geräte	Zuschlag Material
4931	Rotationsgelenk an Metallbasis	36	0	0	0
4941	Lösungshilfe für Friktionsprothese	12	0	0	0
4942	Unterfütterbarer Abschlußrand	15	0	0	0
4943	Saugkammer	6	0	0	0
4951	Klammer einzeln gegossen	16	0	0	0
4981	Mehraufwand für Ausf. in EM	25	0	0	0
4983	Titan verarbeiten bei herausnehmbarem Zahnersatz	20	0	0	0
5001	Lötung bei gleichen Legierungen	9	0	0	0
5002	Lötung mit Vorlötung bei gleichen Legierungen	12	0	0	0
5003	Lötung mit Vorlötung bei unterschiedlichen Legierungen	14	0	0	0
5004	Lötung Hilfsteil an Basislegierung bei gleichen Legierungen	16	0	0	0
5005	Lötung Hilfsteil an Basisleg. bei unterschiedlichen Legierungen	18	0	0	0
5006	Zuschlag bei Lötung nach Keramikverblendung	15	3	0	0
5051	Lötung auf Modell – Grundeinheit	25	0	0	0
5052	Lötung – je zusätzliche Einheit	12	0	0	0
5053	Lötung Drahtbruch	12	0	0	0
5101	Lötfreie Verbindung Primärteil	6	0	0	0
5102	Lötfreie Verbindung Sekundärteil	14	0	0	0
5105	Laserschweißen unter Argon 99 %	12	10	10	0
5109	Punktschweißen je Verbindung	4	0	0	0
5204	Vollvergoldung	50	5	10	20
5205	Klammer vergolden	10	0	0	10
5206	Vergoldung Krone oder Brückenglied	0	0	0	10
5211	Lötvergoldung	20	0	0	0
5301	Deckgold aufbrennen	8	0	0	10
5302	Bonder aufbrennen	8	0	0	0
5303	AGC-Bonder auftragen und brennen	10	0	0	0
5306	Keramik konditionieren	3	0	0	0

PLZ-Nr.	PLZ-Bezeichnung	Planzeit in Min.	Zuschlag Qualifik.	Zuschlag Geräte	Zuschlag Material
5307	Metallfläche konditionieren	4	0	0	0
5308	Modellgussteil konditionieren	10	0	0	2
5309	Kunststofffläche konditionieren	4	0	0	5
5401	Keramik ätzen	4	0	0	0
6001	Aufstellen Grundeinheit	37	0	0	0
6002	Aufstellen je Zahneinheit auf Wachs oder Kst.-Basis	4	0	0	0
6003	Aufstellen je Zahneinheit auf Metallbasis	6	0	0	0
6009	Umstellen je Zahneinheit	3	0	0	0
6021	Übertragen einer Wachsaufstellung auf Metallbasis	4	0	0	0
6121	Zuschlag für Aufstellung bei Anwesenheit des Patienten	0	0	0	0
6125	Ästhetik-Aufstellung der Front / Eckzähne, je Prothese und Sitzung	30	0	0	0
6301	Grundeinheit Fertigstellung mit Kunststoffbasis	56	0	0	0
6302	Fertigstellen mit Kunststoffbasis, je Zahneinheit	3	0	0	0
6311	Grundeinheit Fertigstellung auf Metallbasis	52	0	0	0
6312	Fertigstellen auf Metallbasis je Zahneinheit	5	0	0	0
6401	Transparente Gaumenplatte	42	0	0	0
6403	Prothese aus Schwerkunststoff	80	0	0	0
6404	Basisteil aus Weichkunststoff	55	0	0	0
6405	Basis aus Weichkunststoff	60	0	0	0
6411	Spezialpressverfahren	0	0	0	0
6412	Sonderkunststoff verarbeiten	60	0	0	0
6414	Kunststoff an unterfütterbarem Abschlussrand	8	0	0	0
6431	Befestigung eines Zahns mit zahnfarbenem Kunststoff	12	0	0	4
6432	Herstellen eines Zahns aus zahnfarbenem Kunststoff	25	0	0	0
6433	Kaufläche aus zahnfarbenem Kunststoff	15	0	0	0
6441	Individuelles charakterisieren Zahnfleisch	0	0	0	0
6451	Zahnfleischklammer	25	0	0	0
6452	Pelottenklammer	30	0	0	0

PLZ-Nr.	PLZ-Bezeichnung	Planzeit in Min.	Zuschlag Qualifik.	Zuschlag Geräte	Zuschlag Material
6461	Lösungshilfe für Friktionsprothese	12	0	0	0
6481	Reokkludieren einer Prothese	6	0	0	0
6482	Remontage Prothetik	20	0	0	0
6483	Selektives Einschleifen Prothetik	19	0	0	0
6501	Netz einarbeiten	54	0	0	0
6502	Gussgitter einarbeiten	17	0	0	0
6503	Konfektioniertes Metallgitter anpassen und einarbeiten	55	0	0	0
6504	Draht einarbeiten	12	0	0	0
6505	Bügel einarbeiten in Prothese	18	0	0	0
6506	Individuelle Beschwerungseinlage einarbeiten	30	0	0	0
6507	Konfektionierte Beschwerungseinlage einarbeiten	40	0	0	0
6509	Retention für Einzelzahn einarbeiten	9	0	0	0
6512	Saugkammer einarbeiten	8	0	0	0
6521	Metallfacette einarbeiten	15	0	0	0
6522	Inlay in Prothesenzahn einarbeiten inkl. Herstellung Inlay	70	0	0	0
6531	Federpaar einarbeiten	66	0	0	0
6532	Magnetpaar einarbeiten	40	0	0	0
6936	Individuell charakterisieren, Konfektionszahn Keramik	25	10	0	0
6937	Individuell charakterisieren, Konfektionszahn Kunststoff	20	0	0	0
6938	Zuschlag für verschiedene Zahnfarben	12	0	0	0
7001	Basis für Einzelkiefergerät	65	0	0	0
7002	Basis für FKO-Gerät	115	0	0	0
7021	Basis für Schiefe Ebene aus Kunststoff	48	0	0	0
7101	Tropfenklammer	10	0	0	0
7104	Dreiecksklammer	10	0	0	0
7106	Adams-Klammer	16	0	0	0
7107	Pfeilklammer	20	0	0	0
7110	Haltesporn	10	0	0	0
7121	Dorn	10	0	0	0
7122	Auflage	10	0	0	0

PLZ-Nr.	PLZ-Bezeichnung	Planzeit in Min.	Zuschlag Qualifik.	Zuschlag Geräte	Zuschlag Material
7201	Frontaler oder lateraler Aufbiss hart	16	0	0	0
7202	Frontaler oder lateraler Aufbiss weich	38	0	0	0
7211	Schiefe Ebene Kunststoff Zahneinheit	18	0	0	0
7221	Schiefe Ebene Metall Zahneinheit	25	0	0	0
7243	Zungengitter	22	0	0	0
7301	Labialbogen	24	0	0	0
7302	Labialbogen, modifiziert	31	0	0	0
7311	Feder offen	10	0	0	0
7312	Feder geschlossen	14	0	0	0
7313	Feder gekreuzt	12	0	0	0
7314	Feder kompliziert	15	0	0	0
7321	Protrusionsbogen	20	0	0	0
7351	Schraube einarbeiten	22	0	0	0
7352	Schraube einarbeiten, kompliziert	32	0	0	0
7353	Spezialschraube zur Einzelzahnbewegung	26	0	0	0
7354	Spezialschraube zur Sektorenbewegung	24	0	0	0
7401	Ankerband	32	0	0	0
7402	Band auf Modell aufpassen	15	0	0	0
7403	Ankerkappe	30	0	0	0
7413	Lückenhalter	18	0	0	0
7501	Trennen einer Basis und Funktionsfähigmachen der Schraube	10	0	0	0
7502	Trennen einer Basis und erschwertes Funktionsfähigmachen der Schraube	15	0	0	0
7503	Trennen einer Basis ohne Schraube	8	0	0	0
7504	Funktionsfähigmachen einer Schraube ohne Trennen der Basis	8	0	0	0
7511	KFO-Platte voreinschleifen	8	0	0	0
7512	FKO-Gerät voreinschleifen	20	0	0	0
7601	Miniplast-Schiene	60	0	0	0
7602	Schiene tiefgezogen zweiphasig	90	0	0	0

PLZ-Nr.	PLZ-Bezeichnung	Planzeit in Min.	Zuschlag Qualifik.	Zuschlag Geräte	Zuschlag Material
7603	Knirscherschiene nicht adjustiert	60	0	0	0
7604	Knirscherschiene, adjustiert	100	0	0	0
7605	Retentionsschiene	75	0	0	0
7606	Medikamententrägerschiene	65	0	0	0
7611	Schienungskappe Kunststoff	17	0	0	0
7613	Aufbisskappe aus Kunststoff	25	0	0	0
7614	Aufbisskappe aus Metall / je Zahn	48	0	0	0
7621	Adjustierte Aufbissschiene	105	0	0	0
7625	Bissführungsplatte	108	0	0	0
7701	Obturator aus Kunststoff	92	0	0	0
7702	Obturator aus Weichkunststoff	152	0	0	0
7708	Flexible Zahnfleischepithese Grundeinheit	100	0	0	0
7709	Flexible Zahnfleischepithese, je Zahn	45	0	0	0
7711	Wundverbandplatte tiefgezogen	67	0	0	0
7801	Sportschutz aus Weichkunststoff	180	0	0	0
7810	Playsafe light oder medium	0	0	0	0
7811	Playsafe heavy oder heavy pro	0	0	0	0
8001	Basisteil unterfüttern	32	0	0	0
8002	Basis unterfüttern	52	0	0	0
8003	Vollständige Unterfütterung einschl. funktioneller Randgestaltung	62	0	0	0
8006	Einarbeiten einer Modellgussbasis in vorhandene Kunststoffprothese	65	0	0	0
8011	Instandsetzen einer Prothese Kunststoffbasis, Grundeinheit	20	0	0	0
8012	Erweitern einer Prothese, Kunststoffbasis, Grundeinheit	20	0	0	0
8013	Instandsetzen einer Metallbasis, Grundeinheit	20	0	0	0
8014	Erweitern einer Metallbasis, Grundeinheit	20	0	0	0
8015	Instandsetzen einer Aufbissschiene, Grundeinheit	20	0	0	0
8016	Erweitern einer Aufbissschiene, Grundeinheit	20	0	0	0
8021	Leistungseinheit, Sprung Kunststoff	8	0	0	0

PLZ-Nr	PLZ-Bezeichnung	Planzeit in Min.	Zuschlag Qualifik.	Zuschlag Geräte	Zuschlag Material
8022	Leistungseinheit, Bruch Kunststoff	8	0	0	0
8023	Leistungseinheit, Wiederbefestigung Zahn	7	0	0	0
8024	Leistungseinheit, Erneuerung Zahn	8	0	0	0
8025	Leistungseinheit, Klammer einarbeiten	8	0	0	0
8027	Leistungseinheit, Basisteil Kunststoff	8	0	0	0
8028	Leistungseinheit, Sprung Metall	11	0	0	0
8029	Leistungseinheit, Bruch Metall	15	0	0	0
8030	Leistungseinheit, Kunststoffsattel lösen und wiederbefestigen	12	0	0	0
8031	Leistungseinheit, Herauslösen eines Konfektionszahns	4	0	0	0
8032	Leistungseinheit, Okklusionsausgleich an Konfektionszahn	10	0	0	0
8033	Leistungseinheit, Retention/Basisteil einarbeiten	4	0	0	0
8034	Leistungseinheit, Sekundärteil	0	0	0	0
8035	Leistungseinheit, Rückenschutzplatte einarbeiten	10	0	0	0
8041	Leistungseinheit, Herauslösen von Halteelementen	3	0	0	0
8043	Neu adjustieren einer vorhandenen Schiene	40	0	0	0
8044	Prothese umarbeiten als Aufbissbehelf	45	0	0	0
8101	Kunststoffbasis aufpassen	0	0	0	0
8102	Metallbasis aufpassen	0	0	0	0
8111	Auswechseln von Konfektionsteil, einfach	15	0	0	0
8112	Auswechseln von Konfektionsteil, kompliziert	0	0	0	0
8113	Justieren von Konfektionsteil	14	0	0	0
8122	Ausarbeiten und Polieren nach direkter Unterfütterung	0	0	0	0
8123	Prothese säubern und polieren	17	0	0	0
8125	Schiene säubern und polieren	17	0	0	0
8201	Kronen- oder Brückengliedreparatur, Grundeinheit	25	0	0	0
8202	Leistungseinheit, Trennspalt	18	0	0	0
8203	Leistungseinheit, Verlängerung	18	0	0	0
8204	Leistungseinheit, Bruch/Riss	10	0	0	0
8205	Leistungseinheit, Kontaktpunkt	10	0	0	0

PLZ-Nr.	PLZ-Bezeichnung	Planzeit in Min.	Zuschlag Qualifik.	Zuschlag Geräte	Zuschlag Material
8206	Leistungseinheit, Vorbereitung für Verblendung	5	0	0	0
8207	Leistungseinheit, Brückenteil wiederverwenden	34	0	0	0
8208	Leistungseinheit, nachbereiten Keramikverblendung	7	0	0	0
8211	Leistungseinheit, instandsetzen individueller Riegel	0	0	0	0
8212	Leistungseinheit, aktivieren Teleskopkrone oder Steggeschiebe	0	0	0	0
8221	Leistungseinheit, instandsetzen Kunststoffverblendung	0	0	0	0
8222	Leistungseinheit, instandsetzen Keramikverblendung	0	0	0	0
8223	Leistungseinheit, Retentionen an Verblendfläche	15	0	0	0

Literaturverzeichnis

Einführung in die Allgemeine Betriebswirtschaftslehre
Günter Wöhe
Verlag Franz Vahlen, München

Industrielles Rechnungswesen
Schmolke – Deitermann
Winklers Verlag, Darmstadt

Die Handwerkerfibel
Gress/Jaross/Mahl/Strasser
Hans Holzmann Verlag

Doppelte Buchführung für Handwerksbetriebe
Günther Witt
Merkur Verlag, Rinteln

Die Steuern des Zahntechnikers
Vlado Bicanski
Institut für Wirtschaft und Praxis, Münster

Steuerlehre
August Leth
Verlag Dr. Max Gehlen, Bad Homburg

Leitfaden zur Kalkulation und Kostenrechnung in der Zahntechnik
Verlag Neuer Merkur, München

Löhne und Gehälter im Zahntechniker-Handwerk
Wirtschaftsgesellschaft des VDZI
Max-Planck-Straße 25
63303 Dreieich

BEB 97 Erläuterungen / Planzeiten / Berechnungshinweise
Wirtschaftsgesellschaft des VDZI
Max-Planck-Straße 25
63303 Dreieich

Privates Leistungsverzeichnis für Zahntechniker
Niedersächsische Zahntechnikerinnung, Hannover

Kostenkontrolle und Kalkulation im Zahntechniker-Handwerk
Wirtschaftsgesellschaft des VDZI
Max-Planck-Straße 25
63303 Dreieich

Kostenabrechnungsbogen: Name: Datum:

Kostenarten	%	€
1. Materialkosten		
Verbrauchsmaterial		
Verkaufsmaterial		
Summe Material		
2. Personalkosten		
Fertigungslöhne		
Gehälter		
Gemeinkostenlöhne		
Sozialkostenzuschlag		
Summe Personalkosten		
3. Raumkosten		
Miete		
Energie		
Instandhaltung		
Summe Raumkosten		
4. Steuern/Gebühren/Beiträge/Zinsen		
5. Kalkulatorische Kosten		
Kalkulatorische Abschreibung		
Kalkulatorische Zinsen		
Kalkulatorische Miete		
Kalkulatorischer Unternehmerlohn		
Summe kalkulatorische Kosten		
6. Fahrzeuge/Werbekosten/Reparaturen/GWG		
7. Bürokosten/Porto/Telefon/Leasing/sonstige Kosten		
Summe Koste		

Zuschlagskalkulation für zahntechnische Leistungen

Fertigungslohn
(Arbeitszeiterfassung x Bruttostundenlohn) € ______

+ Lohngemeinkostenzuschlag
(% des Fertigungslohns) ______
+ Fertigungsverbrauchsmaterial
(% des Fertigungslohns) ______
+ Gemeinkostenzuschlag
(% des Fertigungslohns)

= Herstellungskosten

+ kalkulatorische Kosten
(% des Fertigungslohns) ______

= Selbstkosten

+ Wagnisaufschlag in % der Selbstkosten
+ Gewinnaufschlag in % der Selbstkosten

= Verkaufspreis der zahntechnischen Leistung

+ Verkaufsmaterial (Edelmetall, Zähne und Hilfsteile) ______

= Nettopreis

+ % Mehrwertsteuer

= Bruttopreis

Arbeitszeitstudie: Name: Datum:

Arbeitsauftrag:

Position	Anzahl	Einzelbenennung	Einzelwert in Min.	Gesamtwert in Min.

Tätigkeitszeit/Übertrag =

+ 25 % Verteilzeitzuschlag =

GesamtzeitT =
Kalkulationsbasis

Arbeitszeit